水稻播种插秧机使用与维修

◎陈 祥 陈仁水 主编

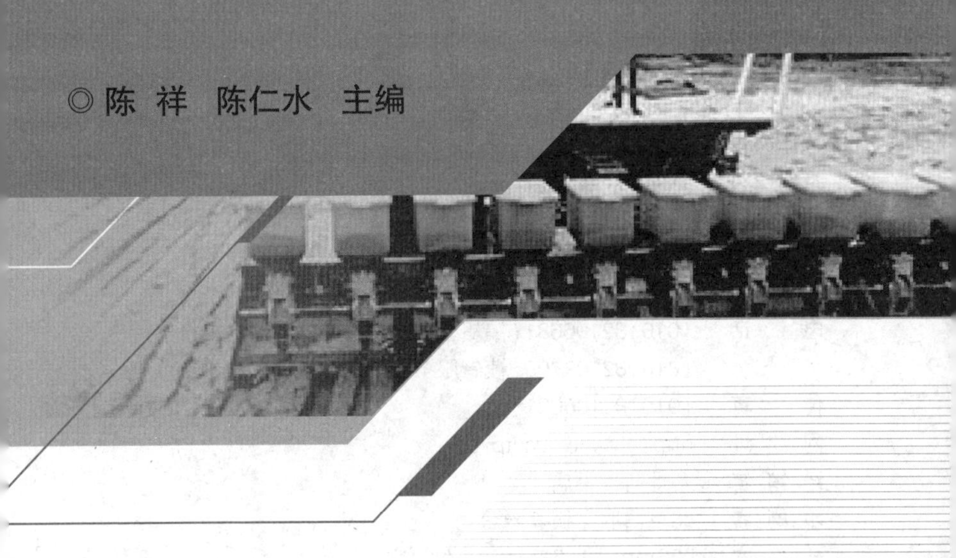

中国农业科学技术出版社

图书在版编目（CIP）数据

水稻播种插秧机使用与维修 / 陈祥，陈仁水主编 . —北京：中国农业科学技术出版社，2017. 7

新型职业农民培育工程通用教材

ISBN 978 – 7 – 5116 – 3107 – 7

Ⅰ. ①水…　Ⅱ. ①陈…②陈…　Ⅲ. ①水稻插秧机 – 使用 – 技术培训 – 教材②水稻插秧机 – 维修 – 技术培训 – 教材　Ⅳ. ①S223. 910. 7

中国版本图书馆 CIP 数据核字（2017）第 136732 号

责任编辑　徐　毅
责任校对　贾海霞

出 版 者　中国农业科学技术出版社
北京市中关村南大街 12 号　邮编：100081
电　　话　(010)82106631(编辑室)　(010)82109702(发行部)
(010)82109709(读者服务部)
传　　真　(010)82106631
网　　址　http://www. castp. cn
经 销 者　各地新华书店
印 刷 者　北京昌联印刷有限公司
开　　本　850mm ×1168mm　1/32
印　　张　5. 625
字　　数　135 千字
版　　次　2017 年 7 月第 1 版　2017 年 7 月第 1 次印刷
定　　价　25. 00 元

《水稻播种插秧机使用与维修》

编 委 会

主　编　陈　祥　陈仁水

副主编　马万祥　施建军　施　艇

编　委　谢秋元　范国良

前　言

为了适应广大农村专业人员学习、使用、维修水稻插秧机的需要，我们编写了《水稻播种插秧机使用与维修》一书。书中不涉及高深的专业知识，您只要了解水稻插播机的构造与原理，通过阅读本书，使用普通的维修工具，按照本书的指引，很快就可以通过自己的努力正确使用插播机，迅速排出常见的故障，从而提高使用效率，降低使用成本。

全书共分九章，分别是水稻机插秧技术概述、机械化育秧技术规范、手扶式插秧机的使用、独轮乘坐式插秧机的使用、高速插秧机的使用、几种典型水稻插秧机常见故障与维修和水稻插播机故障诊断案例分析、水稻直播机的使用、常用机械拆装工具等。

由于编写水平有限，书中错误之处难免，恳请专家和读者批评指正。

编者

2017 年 3 月

目　　录

第一章　水稻机插秧技术概述

我国农业以精耕细作著称于世，水稻生产更显特色。逐步完善并推广应用的高产栽培模式已成为我国大部分水稻产区的主要栽培技术体系，特别是近年来各地普遍应用的以肥床旱育、中小苗移栽、宽行窄株、少本浅栽为主要特点的群体质量栽培与精确定量栽培技术使水稻的增产潜力得到充分发挥，并持续多年实现了高产稳产。

水稻机械化插秧技术是继品种和栽培技术更新之后，进一步提高水稻劳动生产率的又一次技术革命。目前，世界上水稻机插秧技术已成熟，日本、韩国等国家以及我国台湾地区的水稻生产全面实现了机械化插秧。

第一节　水稻机插秧技术的基本特点

机械化插秧技术就是采用高性能插秧机代替人工栽插秧苗的水稻移栽方式，主要包括高性能插秧机的操作使用、适宜机械栽插要求的秧苗的培育、大田农艺管理措施的配套等内容。我国是世界上研究使用机动插秧机最早的国家之一，20 世纪 60—70 年代在政府的推动下，掀起了发展机械化插秧的高潮。但是，由于当时经济、技术及社会发展水平等诸多因素限制，水稻种植机械化始终没有取得突破。新一轮水稻机械化插秧技术，在解决了机械技术的基础上，突出机械与农艺的协调配合，以机械化作业为核心，实现育秧、栽插、田间管理等农艺配套技术的标准化。这与我国历史上前几轮推而不广的机插秧技术相比，有了质的飞跃。

一、机械性能有较大提高

水稻机插秧的核心是技术成熟、性能稳定、质量可靠的机动插秧机。20 世纪 60—70 年代我国率先研制开发的插秧机，是针对大秧龄洗根苗的特点开发生产的，栽插作业时，秧爪不能控制自如，勾秧率、伤秧率高，作业性能极不稳定，不能适应水稻栽插“浅、匀、直、稳”的基本技术要求。新型高性能插秧机具有世界先进机械技术，适合我国水稻生产实际，采用了曲柄连杆插秧机构、液压仿形系统，机械的可靠性、适应性与早期的插秧机相比有了很大提高，作业性能和作业质量完全能满足现代农艺要求。

二、育秧方式有重大改进

历史上曾经推而不广的机插秧技术采用的是常规育秧，大苗洗根移栽，标准化程度低，费工耗时，植伤严重，始终未能摆脱拔秧洗根、手工栽插的技术模式。近年来，示范推广的新型机插秧技术，采取软盘或双膜育秧，中小苗带土移栽，其显著特点是播种密度高，床土土层薄，秧块尺寸标准，秧龄短，易于集约化管理，秧池及肥水利用率高。秧大田比为1：(80 ~100)，可大量节约秧田。

新一轮水稻机械化插秧技术为什么能成功，一个原因是农机与农艺的有机结合。水稻群体质量栽培。模式的主要特点：一是定苗、定穴，既保证秧苗个体壮实，又保证水稻群体的质量。二是保证基本苗的情况下，实施宽行栽插，以利于透光，减少病虫害。三是浅栽，以利于秧苗生根及水稻低节位分蘖，缩短返青期，增加有效分蘖。

第二节 插秧机的工作原理及技术特点

一、插秧机的工作原理和分类

目前，国内外较为成熟并普遍使用的插秧机，其工作原理大体相同。发动机分别将动力传递给插秧机构和送秧机构，在两大机构的相互配合下，插秧机构的秧针插入秧块抓取秧苗，并将其取出下移，当移到设定的插秧深度时，由插秧机构中的推秧器（插植叉）将秧苗从秧针上压下，完成一个插秧过程。同时，通过浮板和液压系统，控制行走轮与机体的相对位置和浮板与秧针的相对位置，使得插秧深度基本一致。

插秧机通常按操作方式和插秧速度进行分类。按操作方式可分为步行式插秧机和乘坐式插秧机；按插秧速度可分为普通插秧机和高速插秧机。目前，步行式插秧机均为普通插秧机；乘坐式插秧机有普通插秧机和高速插秧机。

二、插秧机的主要技术特点

1. 基本苗、栽插深度、株距等指标可以量化调节

插秧机所插基本苗由每公顷所插的穴数（密度）及每穴株数所决定。根据水稻群体质量栽培扩行减苗等要求，插秧机行距固定为30cm，株距有多挡或五级调整，达到每公顷15万~30万穴的栽插密度。通过调节横向移动手柄（多挡或五级）与纵向送秧调节手柄（多挡）来调整所取小秧块面积（每穴苗数），达到适宜基本苗，同时，插深也可以通过手柄方便地精确调节，能充分满足农艺技术要求。

2. 具有液压仿形系统，提高水田作业稳定性

它可以随着大田表面及硬底层的起伏，不断调整机器状态，

保证机器平衡和插深一致。同时，随着土壤表面因整田方式而造成的土质硬软不同的差异，保持船板一定的接地压力，避免产生强烈的壅泥排水而影响已插秧苗。

3. 机电一体化程度高，操作灵活自如

高性能插秧机具有世界先进机械技术水平，自动化控制和机电一体化程度高，充分保证了机具的可靠性、适应性和操作灵活性。

4. 作业效率高，省工节本增效

步行式插秧机的作业效率最高可达 0.26hm^2/h，乘坐式高速插秧机 0.47hm^2/h。在正常作业条件下，步行式插秧机的作业效率一般为 0.16hm^2/h，乘坐式高速插秧机为 0.33hm^2/h，远远高于人工栽插的效率。

三、高性能插秧机特征

插秧机多年来经过自主创新和引进、消化、吸收再创新，插秧机产品达到了较好的先进性、适用性、可靠性、安全性，被称之为高性能插秧机。高性能插秧机实现了定穴、定量、宽行、浅栽的性能，作业性能符合“水稻群体质量栽培”和“水稻精确定量栽培”理论，具备以下几个特征。

（1）定穴。16.5 万 ~27 万穴/hm^2。

（2）定量。2~5 株穴。

（3）宽行。30cm。

（4）浅栽。0.5~1cm。不漂不倒，“越浅越好”。

（5）高性能插秧机。液压仿形系统具有较高的使用寿命及使用可靠性，采用质量轻、强度高的合金材料，充分应用了压铸、精密锻压、数控等现代工业制造技术；采用液压、机电、电脑板等控制技术；HST 无级变速，液压助力转向，自动挡，仪表显示监测技术；高速机的无级调速系统由 89C52CPU，模数转换

电路，H 型功率驱动电路构成。仪表显示监测系统采用了 89C51CPU，并采用了 X25045EZPRAM 贮存电路，带 4 位 LED 显示，为了防止干扰，采用了光电隔离电路。

（6）节本增效。秧大田比 1：100，步行机每小时 0.13～0.26hm^2，高速机 0.27～0.47hm^2，采用该技术插秧成本与人工相比可节约成本 38%。

（7）采用切块原理进行了精量栽插。实现带土带肥下田。

总之，各个环节紧密相扣，形成了相应的标准化栽培规范。在机插的过程中引入工业生产的理念，实现了前后工序的衔接。

四、插秧机基本原理

1. 切块插植原理

把传统的插秧工艺引入工业生产理念，前后工序连接；插植的对象不再是秧苗而是以土块为载体的秧块，采取左右顺序、前后推进的切块方式，把小秧块插入土中。

切块原理的优点是分插执行器不针对秧苗，减少损伤概率；采用机械分切，只要播种均匀，小秧块面积均等，秧苗均匀度高；切块面积的大小有足够的范围提供调整，提高插秧机适应性。

（1）可量化。公顷用盘数：以小秧块最小面积 0.9cm^2 为例，每盘秧块可切 1 800块，以每公顷插 27 万穴为例，只需 150 盘秧。小秧块最大面积 2.4cm^2，每盘秧切 678 块，需备 405 盘秧。机插秧每公顷最多只需备 400 盘，可根据切块面积，计算备秧数。

（2）秧大田比。以 400 盘秧和秧田 60% 利用率计算，为 1：8，这是秧大田最小比。

（3）用种量。它是指播种在盘土上的粒数，最大的播种密度以种子不叠起为原则，团粒粳稻种，每平方厘米只能播 3 粒，每盘4 872粒，以千粒重为27g的品种为例，播量132g。最小的播种密度以盘根良好，机插漏播率在允许范围为度。

2. 液压仿形原理

插秧机的浮板是插秧深度的基准，液压仿形装置确保插秧深度的稳定一致。

（1）感度调节。设定浮板的接地压力，随土壤的软、硬反馈自动调整。

（2）行走底盘的左右，前后的自动调节。

（3）高速行走时，调整因浮板起伏而引起的插深的变化。

3. 插植臂

由秧针为切块的执行器，由秧针与推秧叉组成夹持楔，把秧块带入土中，由推秧器把小秧块推出，完成插植动作。

4. 插秧机关键部分的调整

液压仿形系统是由中浮板前端的上下波动连动液压阀阀臂操纵液压缸升降。

（1）插秧离合器也是插植部定位离合器，采用凸轮拨动牙嵌进行离合，插植部被定位在秧门的下方。

（2）安全离合器是插植部分保护装置，多数机器只设一个安全离合器，只要有一行栽植臂发生故障都会停止插植并报警，为弹簧压缩式牙嵌离合器。

（3）插秧机关键部分的调整。

①秧门与秧针两线平行。

②秧针与秧门两侧间隙相等。

③秧针与秧箱侧壁间隙相等。

④纵向取秧手柄置标准位置时，秧针应在取苗卡规的标准位置。

五、水稻插秧机的选购

水稻插秧机的选购，应根据不同的用途选择不同型号的插秧机。我国目前大批量定型生产的乘座机型主要有2ZT－9356B型和2ZT－7358B型两种。2ZT－9356B型适合我国北方地区，工作行数6行，行距300mm，2ZT－7358B型适合我国南方地区，工作行数8行，行距238mm，2种乘座机型配套动力165F风冷卧式、四冲程、3马力柴油机（2.4kW、2 600转份）。机型选定后。可以从以下几个方面仔细挑选机器。

1. 外观质量

（1）首先检查插秧机覆盖件喷漆质量，漆膜无脱落，漆膜表面光泽发亮。电镀件、镀锌件镀层牢固无脱落。

（2）焊接件牢固可靠，无咬肉、烧穿、开焊、飞边毛刺等缺陷。铸件表面应光滑平整，无气孔沙眼、无粘沙多肉等缺陷。连接件、非标准件牢固齐全。

（3）装箱清单、随机工具、易损件备件、说明书等技术资料齐全完整。

2. 购前试运转

（1）启动前，按规定加足燃油、润滑油一般出厂时都按使用说明书技术要求调整完毕。然后，用手动方法转动工作部分，使主离合器处于接合状态，变速手柄置空挡，用手摇把慢慢摇动发动机（不要启动），结合插秧机离合器，检查工作部分运转情况，不应出现栽植臂卡滞秧门等现象。

（2）将插秧离合器手柄扳到离的位置，拉起减压手柄，用手摇把摇动时手感应轻松灵活，快摇时应能听到喷油嘴喷油的声音，在加速摇动的同时，快速放下减压手柄。柴油机随即启动运转。待发动机运转平稳后，用中慢速使插秧机工作部分空转10分钟，配合插秧速度和行走速度试车30分钟。

（3）柴油机运转时，无敲缸和打齿声等异常声音，柴油机转速稳定，不冒黑烟，不窜机油，无共振现象。

3. 检查“三漏”

停车时检查发动机空气滤清器、缸体与缸盖结合面等处不漏气，发动机油底壳、变速箱、工作传动箱、链箱等结合面无渗漏，各油堵、栽植臂等处不漏油。

4. 其他部件的检查

（1）操纵盘应转向灵活，自由行程应准确。左右最大转向角为60°。

（2）过埂器脚踏板自由行程要正确，踩下脚踏板时船板应随挂链吊起，松开脚踏板时船板应回原位。

（3）各操纵机构接合可靠，变速箱、工作传动箱在额定转速之内，借助离合器各挡位挂挡应灵活可靠，摘挡顺利，无脱挡、跳挡等现象，无打齿声等异音。

（4）插秧定位离合器应准确可靠，正确位置是：扳下插秧定位离合器时，栽植臂应停止在秧门口上方。栽植臂运转过程中，不许卡碰任何相关部件。

（5）秧箱换向准确，当秧箱移动到左、右极限位置后，指销在螺旋槽中的横向位移停止，并靠180°直槽与螺旋槽的圆滑过度面完成换向。同时，送秧皮带应转动一定距离。

（6）安全离合器是栽植臂及分插机构的安全装置。安全离合器上的分离牙嵌受阻时应自动分离，致使栽植臂立即停止插秧（可用薄木片放在秧门口上方，让栽植臂旋转，如栽植臂停止，说明这组安全离合器可靠）。

（7）插秧深浅调节机构转动应灵活。当升降杆转动时，可以改变链箱相对秧船的高度，从而改变栽植臂的插秧高度，以达到调节插秧深浅的目的。

（8）分持机构运转过程中，看6组或8组栽植臂有没有不推

秧现象，推秧行程 18～20mm，推秧器与分离针间隙在 0.5～1mm。停止转动时用手握住推秧器左右转动。如果推秧器随手左右转动有异常声，说明这组栽植臂拨叉不合格。经过上述检查后，若各项指标能符合要求，这台插秧机的质量就是可靠的。

第三节　高性能插秧机对作业条件的要求

机插秧过程中，在正常机械作业状态下，影响栽插作业质量的主要有两大因素，即秧苗质量和大田耕整质量。

一、秧苗质量

插秧机所使用的是以营养土为载体的标准化秧苗，简称秧块。秧块的标准长×宽×厚尺寸为 58cm×28cm×2cm。长宽度在 58cm×28cm 范围内，秧块整体放入秧箱内，才不会卡滞或脱空造成漏插。秧块的长×宽规格，在硬塑盘及软塑盘育秧技术中，用盘来控制，在双膜育秧技术中，在起秧时通过切块来保证规格。在适宜播量下，使用软盘或双膜，促使秧苗盘根，保证秧块标准成形。土块的厚度 2～2.5cm，铺土时通过机械或人工来控制。床土过薄或过厚会造成秧爪伤秧过多或取秧不匀。

机插秧所用的秧苗为中小苗，一般要求秧龄 15～20 天、苗高 12～17cm。由于插秧机是通过切土取苗的方式插植秧苗，这就要求播种均匀。标准土块上的播种量，俗称为每盘的播种量，一般杂交稻每盘芽谷的播量为 80～100g，常规粳稻的芽谷播量为 120～150g。插秧机每穴栽插的株数，也就是每个小秧块上的成苗数，一般要求杂交稻每平方厘米成苗 1～1.5 株，常规粳稻成苗 1.5～3 株，播种不均会造成漏插或每穴株数差距过大。

为了保证秧块能整体提起，要求秧苗根系发达，盘根力强，土壤不散裂，能整体装入苗箱。同时，根系发达也有利于秧苗地上、地下部的协调生长，因此，在育秧阶段要十分注重根系的培育。

二、对大田整地的要求

高性能插秧机由于采用中小苗移栽，因而对大田耕整质量要求较高。一般要求田面平整，全田高度差不大于3cm，表土硬软适中，田面无杂草、杂物，麦草必须压旋至土中。大田耕整后需视土质情况沉实，沙质土的沉实时间为1天左右，壤土一般要沉实2~3天，黏土沉实4天左右后插秧。若整地沉淀达不到要求，栽插后泥浆沉积将造成秧苗过深，影响分蘖，甚至减产。

第四节　机插水稻的生育特性及栽培特点

一、生育特性

1. 生育期缩短，生育进程后移

机插秧目前大多在粳稻栽培上应用，以晚熟中粳稻或中熟中粳稻为例，由于受秧龄和让茬的限制，与同品种的常规栽培相比，播期一般推迟15~20天，致使水稻生育期缩短，全生育期比常规栽培稻缩短10~15天。随着生育期的缩短，抽穗期和成熟期都相应延迟，因而，小麦茬机插水不宜选用生育期长的品种。

2. 单株分蘖发生集中，群体高峰苗多

机插水稻的育秧播种密度大，单苗营养面积和空间都很小，所以秧田期一般不发生分蘖，Ⅰ、Ⅱ位蘖为空位。大田期Ⅲ位蘖、Ⅳ位蘖的发生率较低，随着蘖位升高，分蘖发生率提高。Ⅴ位蘖至Ⅶ位蘖发生率大体在60%~90%。这几个蘖位分蘖发生率高，成穗率也较高，是高产栽培利用的主要蘖位。从群体发展看，机插水稻单位面积所插的本数一般比常规栽培多，但苗体瘦

小，干重低，需通过1.5~2个叶龄期的秧苗增粗，增重过程才开始分蘖。由于本数多，分蘖发生后群体分蘖增加速度快，与常规栽培相比，往往够苗期、高峰苗期均提前1个左右叶龄期，而且高峰苗数较多。

3. 个体生长量较小，致使穗形偏小且不够整齐

机插水稻植株高度比常规栽培稻矮10%左右，叶片较小，拔节前单位面积的叶面积显著小于常规栽培的。随着叶片增大，抽穗期单位叶面积、群体叶面积，均与常规栽培接近或相当。机插水稻大田前期单株根数少于常规栽培，但因为栽培浅，有利于发根和分蘖，拔节至抽穗期群体根数增长较快，灌浆结实期单位面积根量与常规栽培相近。机插水稻分蘖开始发生较迟，主茎和分蘖的叶片数相差较大，有效分蘖的单茎叶片数大多在6~9张，比常规栽培少1~1.5张，表现个体生长量较小，影响穗形的扩展，穗形普遍偏小，而且主茎与分蘖的穗形大小差异较为明显。

二、栽培特点

1. 秧田期短，大田期长

东洋系列插秧机所用秧苗，一般秧龄15~18天，秧苗叶龄一般比常规湿润秧小3~4个，因而机插水稻的大田有效分蘖蘖位延长3~4个，应利用有效分蘖期较长的特点，尽量争取早分蘖，提高分蘖成穗率。

2. 秧苗细小，抗逆性差

在密插条件下，秧苗密集，苗体细小，对暴晒、大水、干旱等不良条件的抗御能力差，因此，强调培育标准秧苗，增强抗逆能力。

3. 机插行距较大，有一定漏穴率

东洋系列插秧机的行距固定为30cm，这样的行距对于部分多穗型粳稻品种来说偏大，应控制株距，保证适宜密度。机插水

稻难免有一定的漏插，如漏穴率过高，可造成缺棵多而影响产量。应通过有效措施，把漏穴率控制在允许范围之内。

4. 播种晚，生育期偏迟

机插水稻插期推迟，苗龄小，生育进程滞后于常规栽培水稻，在肥料运筹上不能等同于常规栽培水稻。病虫防治的具体日期、水浆管理包括搁田，断水的时间等，均相应迟于常规栽培水稻。

第五节　水稻插秧机常见品牌

生产水稻插秧机的厂家有很多，其中，常见品牌有久保田、洋马、东洋、井关、富来威等。

一、久保田

久保田农业机械（苏州）有限公司是久保田（中国）投资有限公司的全新子公司，是一家集开发、制造、销售和服务于一体的综合性农机制造商，目前主要从事收割机、插秧机、拖拉机以及其它新型农业机械的研发、生产、销售和售后服务。公司充分利用久保田在世界范围内的技术、管理、资金等方面优势和先进的营销服务经验，不断开拓，以提供高性能、高质量、高效益的农业机械为己任，不断开发新产品，最大限度的满足不同层次用户的需求，为中国的农业机械化和农业现代化尽心尽力。

久保田水稻插秧机主要产品如下。

1. 手扶式

手扶式包括 2ZS－4（SPW－48C）（图 1－1）、2ZS－4B（SPW－48C25）、2ZS－6（SPW－68C）、2ZS－6C（SPW－68C25）等。

其中，SPW－48C 和 SPW－68C 的技术参数如下。

图 1－1　SPW－48C

<table>
<tr><td colspan="3">产品型号</td><td>2ZS－4（SPW－48C）</td></tr>
<tr><td rowspan="3">工作状态外形尺寸</td><td colspan="2">长度（mm）</td><td>2140</td></tr>
<tr><td colspan="2">宽度（mm）</td><td>1630</td></tr>
<tr><td colspan="2">高度（mm）</td><td>910</td></tr>
<tr><td colspan="3">结构质量（kg）</td><td>162</td></tr>
<tr><td rowspan="7">配套发动机</td><td colspan="2">型号</td><td>MZ175－B－1/MZ175－B－2</td></tr>
<tr><td colspan="2">结构型式</td><td>风冷 4 冲程单缸 OHV 汽油机</td></tr>
<tr><td colspan="2">总排气量（L）</td><td>0. 171</td></tr>
<tr><td colspan="2">标定功率（kW）</td><td>2. 6</td></tr>
<tr><td colspan="2">标定转速（r/min）</td><td>3 000</td></tr>
<tr><td colspan="2">燃油</td><td>汽车用标准汽油（无铅）</td></tr>
<tr><td colspan="2">燃油箱容量（L）</td><td>4. 0</td></tr>
<tr><td rowspan="4">行驶部</td><td>行走轮</td><td>直径（mm）</td><td>φ660</td></tr>
<tr><td colspan="2">作业速度（km/h）</td><td>1. 22～2. 77</td></tr>
<tr><td colspan="2">变速方式</td><td>齿轮挂接变速</td></tr>
<tr><td colspan="2">变速级数（级）</td><td>主变速：前进为 2 级、后退为 1 级</td></tr>
</table>

（续表）

产品型号			2ZS－4（SPW－48C）
插秧部	工作行数（行）		4
	行距（mm）		300
	穴距（mm）		120、140、160、180、210
	1 穴苗数调节量	横向移动次数	26、20、18
		纵向取秧深度（mm）	7～17（9 级）
	插秧深度（mm）		7～37（5 级）
秧苗条件	叶龄（叶）		2.0～4.5
	苗高（mm）		100～250
作业小时生产率（hm²/h）			0.091～0.21

产品型号			2ZS－6（SPW－68C）
工作状态外形尺寸	长度（mm）		2 370
	宽度（mm）		2 280
	高度（mm）		910
结构质量（kg）			187
配套发动机	型号		MZ175－B－1/MZ175－B－2
	结构型式		风冷 4 冲程单缸 OHV 汽油机
	总排气量（L）		0.171
	标定功率（kW）		3.3
	标定转速（r/min）		3 600
	燃油		汽车用标准汽油（无铅）
	油箱容量（L）		4.0
行驶部	行走轮	直径（mm）	φ660
	作业速度（km/h）		1.01～2.77
	变速方式		齿轮挂接变速
	变速级数（级）		主变速：前进为 2 级、后退为 1 级

（续表）

产品型号			2ZS－6（SPW－68C）
插秧部	工作行数（行）		6
	行距（mm）		300
	穴距（mm）		120、140、160、180、210
	1穴苗数调节量	横向移动次数	26、20、18
		纵向取秧深度（mm）	7～17（9级）
	插秧深度（mm）		7～37（5级）
秧苗条件	叶龄（叶）		2.0～4.5
	苗高（mm）		100～250
作业小时生产率（hm^2/h）			0.1～0.21

2. 乘坐式

乘坐式包括2ZGQ－6B（NSPU－68CM）、2ZGQ－6D（NSPU－68CMD）（图1－2）、2ZGQ－8D（NSPU－88C25）、2ZGQ－6G1（SPV－6C）、2ZGQ－6G2（SPV－6CM）、2ZGQ－6D1（SPV－6CMD）、2ZGQ－8D5（SPV－8C25）、2ZGQ－8D1（SPV－8C）、2ZGQ－8G（SPV－8CG25）等。

图1－2　2ZGQ－6D（NSPU－68CMD）

其中，2ZGQ－6B（NSPU－68CM）、2ZGQ－6D（NSPU－68CMD）的主要规格如下。

<table>
<tr><td colspan="4">产品型号</td><td>2ZGQ－6B（NSPU－68CM）</td></tr>
<tr><td rowspan="4">工作状态外形尺寸</td><td colspan="3">长度（mm）</td><td>3 000</td></tr>
<tr><td colspan="3">宽度（mm）</td><td>2 210</td></tr>
<tr><td colspan="3">高度（mm）</td><td>2 570</td></tr>
<tr><td colspan="3">最小离地间隙（mm）</td><td>430</td></tr>
<tr><td colspan="4">结构质量（kg）</td><td>595</td></tr>
<tr><td rowspan="7">配套发动机</td><td colspan="3">型号</td><td>GZ460－E01</td></tr>
<tr><td colspan="3">结构型式</td><td>水冷 4 冲程 2 缸 OHC 汽油机</td></tr>
<tr><td colspan="3">总排气量（L）</td><td>0.456</td></tr>
<tr><td colspan="3">标定功率（kW）</td><td>8.5</td></tr>
<tr><td colspan="3">标定转速（r/min）</td><td>3 600</td></tr>
<tr><td colspan="3">燃油</td><td>汽车用标准汽油（无铅）</td></tr>
<tr><td colspan="3">燃油箱容量（L）</td><td>17</td></tr>
<tr><td rowspan="5">行驶部</td><td rowspan="2">行走轮</td><td rowspan="2">直径×宽（mm）</td><td>前轮</td><td>ϕ650×95</td></tr>
<tr><td>后轮</td><td>ϕ900×50</td></tr>
<tr><td colspan="3">变速方式</td><td>液压式变速（HST）</td></tr>
<tr><td colspan="3">变速级数（级）</td><td>主变速：前进后退无级变速
（副变速：2 挡）</td></tr>
<tr><td colspan="3">作业速度（km/h）</td><td>（*1）0～5.83</td></tr>
<tr><td rowspan="6">插秧部</td><td colspan="3">工作行数（行）</td><td>6</td></tr>
<tr><td colspan="3">行距（mm）</td><td>300</td></tr>
<tr><td colspan="3">穴距（mm）</td><td>（*1）100、120、140、160、180、210</td></tr>
<tr><td rowspan="2">1 穴苗数调节量</td><td colspan="2">横向移动次数</td><td>26、20、18</td></tr>
<tr><td colspan="2">纵向取秧深度（mm）</td><td>8～18</td></tr>
<tr><td colspan="3">插秧深度（mm）</td><td>10～53（5 级）</td></tr>
</table>

（续表）

产品型号		2ZGQ－6B（NSPU－68CM）
秧苗条件	叶龄（叶）	2.0～4.5
	苗高（mm）	80～250
作业小时生产率（hm^2/h）		（＊1）0.2～0.4

产品型号				2ZGQ－6D（NSPU－68CMD）
工作状态外形尺寸	长度（mm）			3 140
	宽度（mm）			2 210
	高度（mm）			2 595
	最小离地间隙（mm）			455
结构质量（kg）				710
配套发动机	型号			D782－ET02
	结构型式			立式水冷3缸柴油机
	总排气量（L）			0.778
	标定功率（kW）			12.7
	标定转速（r/min）			3 000
	燃油			优质柴油
	燃油箱容量（L）			17
行驶部	行走轮	直径×宽（mm）	前轮	φ650×95
			后轮	φ900×50
	变速方式			液压式变速（HST）
	变速级数（级）			主变速：前进后退无级变速（副变速：2挡）
	作业速度（km/h）			（＊1）0～5.83

（续表）

产品型号			2ZGQ－6D（NSPU－68CMD）
插秧部	工作行数（行）		6
	行距（mm）		300
	穴距（mm）		（＊1）100、120、140、160、180、210
	1穴苗数调节量	横向移动次数	26、20、18
		纵向取秧深度（mm）	8～18
	插秧深度（mm）		10～53（5级）
秧苗条件	叶龄（叶）		2.0～4.5
	苗高（mm）		80～250
作业小时生产率（hm^2/h）			（＊1）0.2～0.4

注：（＊1）表示在车轮滑移率为10%的指标

二、洋马

洋马农机（中国）有限公司由日本先锋企业“洋马集团”主导设立，是集农业机械技术开发、生产制造和销售服务于一体的中日合资企业。洋马公司创立于1997年，自成立以来，公司秉承以追求顾客获益为根本，为广大顾客的富裕和发展提供最佳的途径和一流的服务的创业宗旨，紧贴中国市场、积极应对顾客需求，实现了生产数量、销售业绩和公司规模的迅速成长。如今，洋马联合收割机、插秧机和播种机已成为国内市场的领航者，同时移栽机及拖拉机等相关农机产品也在积极开发之中。

洋马水稻插秧机主要产品如下。

1. 手扶式

手扶式包括AP6（2ZQS－6）（图1－3）、AP4型（2ZQS－4）等。

2. 乘坐式

乘坐式包括VP6D乘坐式高速插秧机（图1－4）、VP7D乘

图 1－3　AP6（2ZQS－6）手扶式插秧机

坐式高速插秧机、VP8D 乘坐式水稻插秧机、2ZGQ － 8D（VP8DN）乘坐式高速插秧机、VP6G 乘坐式高速插秧机、VP6E 乘坐式高速插秧机、VP9D 乘坐式高速插秧机、VP6 乘坐式水稻插秧机、VP4C 水稻插秧机等。

图 1－4　VP6D 乘坐式水稻插秧机

三、东洋

江苏东洋机械有限公司成立于 2001 年 3 月，是我国第一家生产高性能插秧机和收割机的中韩合资企业，也是一家集农机开发、制造、销售和服务为一体的综合性农机企业。公司占地5万m^2，注册资本425.48万美元，总投资1亿元人民币，插秧机和收割机的年生产能力分别达5万台和2 000台。截至2012年年底已累计生产、销售东洋系列插秧机15万台，收割机5 000多台。产品除销往国内20多个水稻主产区外，还远销亚非欧等地区，直接或间接出口国有韩国、印度、印度尼西亚、马来西亚、缅甸、越南、伊朗、土耳其、尼日利亚、马里、贝宁、卢旺达等10多个国家。

东洋水稻插秧机主要产品有：P28型手扶2行插秧机（图1－5）、PF455S型（图1－6）、PF48型手扶4行插秧机；P68型手扶6行插秧机；PD60型（图1－7）、PD60－E型乘座式高速6行插秧机。

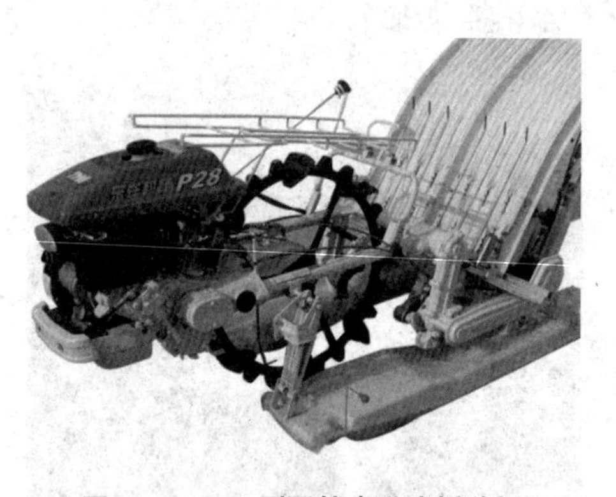

图1－5　P28型手扶步进式插秧机

四、井关

东风井关农业机械有限公司是一家集科研、设计、制造、销售和服务为一体的现代化农业机械企业，由东风汽车公司与日本

图 1－6　PF455S 型手扶步进式插秧机

图 1－7　PD60 高速插秧机

井关农机株式会社共同出资组建成立的一家中日合资企业，注册地位于湖北省襄阳市，注册资本 5.1 亿元，业务涵盖农业机械、农业设施、工程机械、园艺机械、林业机械等。

东风井关秉承双方母公司在品牌、技术、资金、制造等方面的优势基因，以科技创新为动力，以造福社会为目标，以促进我国农业现代化建设为己任，科学发展，计划在 5 年内引进和自主开发生产国际先进和国内适用的手扶和乘座式插秧机、全喂入和半喂入（稻麦油菜）收割机、大中小马力的节能环保拖拉机、乘座式田园管理机、移栽机等各类农机具并实现地产化和出口。

井关水稻插秧机主要产品包括：PC4、PC6（图1－8）等手扶步进式插秧机、PZ60DTLF（图1－9）、PZ80－25、PZ80、PZ60DT、PZ60G等乘坐式高速插秧机。

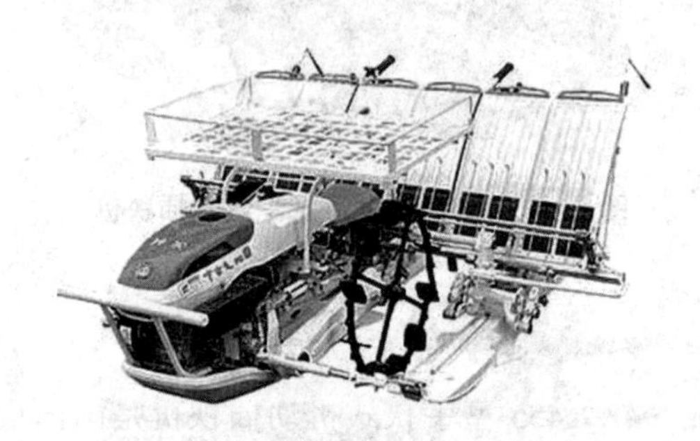

图1－8　PC6手扶步进式插秧机

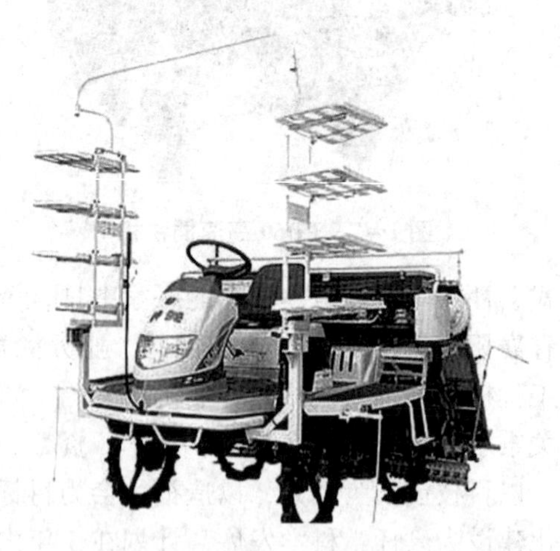

图1－9　PZ60DTLF乘坐式高速插秧机

五、富来威

南通富来威农业装备有限公司位于素有“江海明珠、风水宝地”美誉的江苏省南通市经济技术开发区，由南京高精传动设备制造集团有限公司控股。

公司以壮大民族农业装备实力、加快中国农机化事业发展为目标，以水稻生产全程机械化关键设备供应商、区域水稻生产全程机械化解决方案提供商和旱地栽植机械制造商为己任，历经多年磨砺与发展，已拥有水稻种植机械、稻麦收获机械、旱地栽植机械三大系列10余种现代高效农机产品，拥有“富来威”“浦田”两个迅速成长的民族农机品牌。

“富来威”2Z－455型手扶式机动插秧机是国内最早自主研发的高性能插秧机，被誉为“国产第一机”，列入国家星火计划项目，拥有多项国家专利和部、省级“农业机械推广鉴定证书”，荣获南通市科技进步奖一等奖。

公司与国内农机界知名科研院校合作开发的“富来威”2ZG－6DK型乘坐式高速插秧机，核心技术荣获国家技术发明二等奖，列入江苏省科技成果转化项目。该产品配置先进、性能优越、操作方便、驾驶舒适，并配有自动平衡系统以和冲洗水泵功能，已在江苏、湖北、湖南、安徽等水稻产区大面积推广使用。

富来威水稻插秧机主要产品包括：2ZF－4K（图1－10）、2ZF－6A（K6）、2ZF－4B（A）、2ZF－6E、2ZF－4E、2ZF－6A、2Z－455（E）、2ZF－4B（D）、2Z－455、2ZF－4B等手扶式插秧机，2ZG－6DMF侧深施肥插秧机（图1－11）、2ZG－6DK乘坐式插秧机（汽油版）（图1－12）、2ZG－6DM乘坐式高速插秧机（柴油版）（图1－13）等。

图 1 - 10　2ZF - 4K 手扶式插秧机

图 1 - 11　2ZG - 6DMF 侧深施肥插秧机

图 1－12　2ZG－6DK 乘坐式插秧机（汽油版）

图 1－13　2ZG－6DM 乘坐式高速插秧机（柴油版）

第二章　机械化育秧技术规范

机插秧苗的基本特征是秧苗以营养土为载体，形成一定面积的秧块，秧块的大小与插秧机秧箱尺寸相对应；秧苗分布要均匀，生长整齐。

秧块土层的规格和要求是宽28cm，长58cm，厚2cm。其中，宽度的要求最为严格，只能在27.5～28cm范围。

第一节　软盘育秧技术

一、作业流程

软盘育秧技术是在“工厂化”育秧的基础上总结转化而来的低成本、简易化育秧方式。该育秧方式成本低，质量好，易于操作，适合机械化栽插的要求。

软盘育秧按播种方式可分为手工播种和机械播种。

1. 手工播种

底土厚度确保秧块土层2～2.5cm、洇足底土水。

按盘称种：发芽率为90%时，一般每盘播芽谷140～150g，杂交稻芽谷80～100g。

细播匀播、覆土。

2. 机械播种

调试播种机、播后直接脱盘于秧板、湿润秧板。

3. 手工播种作业流程

手工播种作业流程，如图 2－1 所示。

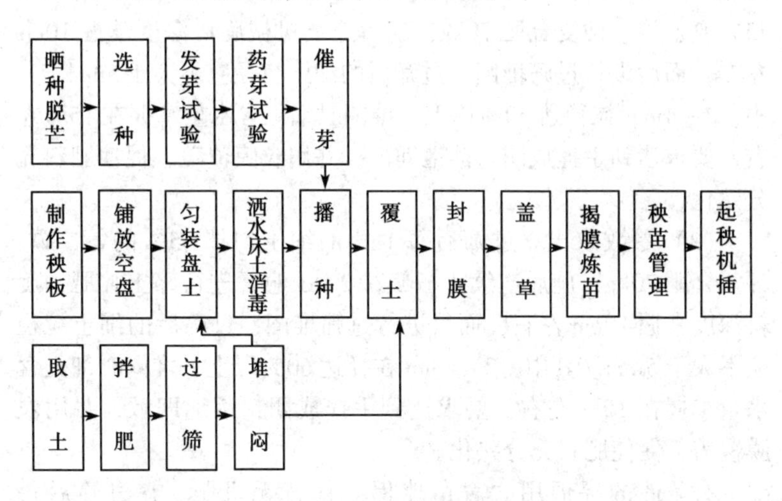

图 2－1　手工播种作业流程

4. 封膜盖草

芽谷播后需经过一定的高温、高湿才能出苗整齐，因此，需要封膜盖草，控温保湿促齐苗。

二、床土准备

1. 最适合做床土的土

(1) 菜园土。

(2) 耕作熟化的旱地土。

(3) 秋耕、冬翻、春秒的稻田土。

这里要特别注意的是不宜在荒草地及当季喷施过除草剂的麦田里取土。

2. 床土培肥

床土培肥有 2 种方法。

（1）集中取土。于冬末夏初，在取土地上匀施肥料，每亩（1 亩 =666.7m^2，下同）可施人畜粪或腐熟灰杂肥 2 000kg 以及 45% 氮、磷、钾复合肥 70kg，施后连续机械旋耕深度掌握 10cm 左右，而后进行过筛堆闷，过筛后的细土粒径应不大于 5mm。其中，2 ~4mm 粒径达 60% 以上，堆闷时细土含水量掌握在 15% 左右，要求达到手捏成团、落地即散，并用农膜覆盖，促使肥料充分熟化。

（2）零散取土。过筛后每 1m^3 的细土匀拌 45% 的氨、磷、钾复合肥 70kg，施后连续机械旋耕 2 ~3 遍，进行碎土拌肥，旋耕深度掌握 10cm 左右，而后进行过筛堆闷，过筛后的细土粒径应不大于 5mm。其中，2 ~4mm 粒径达 60% 以上，堆闷时细土含水量掌握在 15% 左右，要求达到手捏成团，落地即散，并用农膜覆盖，促使肥料充分熟化。

有条件的提倡用“育苗伴侣”代替无机肥。在过筛后每 100kg 细土可拌 0.6kg“育苗伴侣”，可起培肥、调酸、助壮秧苗的作用。

三、材料及秧田准备

在育秧之前，要根据机插面积的计划，落实秧田块，及早筹备育秧材料。

1. 秧田准备

（1）秧田面积与大田水稻机插面积比为 1∶（80 ~100）。

（2）为便利运秧，秧田应以 2 亩为宜，防止过分集中。集中育秧以 15 ~30 张软盘为宜。

（3）标准秧板规格为，畦面宽 1.4m，沟宽 0.25m，沟深 0.15m；四周沟宽 0.3m，深 0.2m；秧板制作要求：实、平、光、直。

2. 秧盘准备

每亩大田一般需备28张左右软盘，采用机械播种的，每台流水线需备足硬盘用于脱盘周转，具体用量应根据播种时移送秧盘的距离而定，一般在秧池田头播种需备硬盘500张。

3. 其他材料

根据秧板面积准备无纺布等辅助材料。

四、种子准备

1. 品种选择

根据不同茬口、品种特性及安全齐穗期，应选择适合当地种植的优质、高产、稳产的大穗型中熟中粳稻品种。

2. 用种量准备

每亩大田一般需备足精选种子3.5～4kg。

3. 种子精选

应选用经过精选的成品种子。普通种子在浸种前要经过晒种、脱芒、选种、发芽试验等工作，种子的发芽率要达90%以上，发芽势要达85%。

4. 药剂浸种

通过药剂浸种可以预防恶苗病、干尖线虫病等。此外，还有苗期灰飞虱传播的条纹叶枯病等。

浸种时，选用“使百克”或“施保克”1支（2ml）加10%“吡虫啉”10g，对水6～7kg浸种5kg种子。一般粳稻需浸种80日·度，具体浸种时间应当随气温而定。稻种吸足水分的标准是：谷壳透明，米粒腹白可见，米粒容易折断而无响声。

5. 催芽

不同的播种方法对催芽有不同的要求：手工播种根芽长度不宜超过2mm，机械播种的“破胸露白”即可。

为了增强芽谷播种后对外界环境的适应能力，一般在谷芽催好后，置室内摊晾4～6小时即可播种。

五、精细播种

由于机插秧苗的秧龄弹性小，必须根据茬口按照秧龄15～20天倒推播期，宁可田等秧，不可秧等田。

1. 手工播种

手工播种的技术要求如下。

（1）严格控制底土厚度，掌握在2～2.5cm。

（2）洇足底土水。

（3）按盘数称种。发芽率为90%时，一般每盘播芽谷140～150g。

（4）做到细播匀播。

（5）覆土，以盖没芽谷为宜，厚度掌握在0.3～0.5cm。

2. 机械播种

机械播种的技术要求如下。

（1）播种前要调试好播种机，使盘内底土稳定在2～2.5cm；洒水量掌握在底土水分达饱和状态；播种量控制在每盘播芽谷120～150g，若种子发芽率不足或高于90%，播量需相应增加或减少；覆土量以看不见芽谷为宜。

（2）播种后直接脱盘于秧板，并依次紧密排放。

3. 湿润秧板

机播脱盘或手播结束后，应灌平沟水使秧板充分湿润后排放，以弥补秧板水分不足，并沿秧板四周壅土整好盘边，保证尺寸，这样可以有利于提高机插质量。

六、盖无纺布

芽谷播后需经过一定的高温、高湿才能出苗整齐。为此，播后要盖无纺布，控温保湿促齐苗。

无纺布四周要封盖严实，雨后应及时清除无纺布上的积水，以避免闷种烂芽。

七、苗期管理

1. 揭膜炼苗

一般在秧苗栽插前3天揭无纺布炼苗。

揭无纺布原则：晴天傍晚揭，阴天上午揭，小雨天雨前揭，大雨天雨后揭。如遇低温可适量推迟揭膜，揭膜时灌1次足水，洇透床土，也可喷洒补水。

2. 科学管水

秧苗三叶期以前，一般灌平沟水，做到以湿为主，达到以水调肥、以水调温、以水调气、以水护苗的目的；正常情况下，保持盘土或床土湿润不发白即可。若晴天中午出现卷叶时要灌水补湿护苗，雨天则要放干秧沟的水；如遇到较强冷空气侵袭，要灌拦腰水保温护苗，回暖后换水保苗。移栽前3~5天控水练苗。

3. 及时追施断奶肥

断奶肥的施用要根据床土肥力、秧龄和气温等具体情况因地制宜地进行，一般在一叶一心期（播后7~8天）施用。每亩秧池田用腐熟的人粪清500kg对水1 000kg或用尿素5.0~7.0kg对水500kg，于傍晚秧苗叶露水时浇施。

4. 搞好病虫防治

秧田期病虫主要有立枯病、稻蓟马、稻飞虱、螟虫等，应及时对症用药防治。对黑条矮缩病、稻条纹叶枯病发生区，务必做好灰飞虱的防治工作。

防治方法：可在一叶一心期亩秧池田用“吡虫啉”有效成分2g加80kg水喷施。另外，春茬育秧期气温低，温差大，易遭受立枯病的侵袭，齐苗揭膜后，每亩秧田可用“敌克松”1 000~1 500倍液600~750kg洒施预防。

5. 看苗用好矮化剂

适合机插的秧苗标准是：苗高 12 ~ 17cm；秧龄 15 ~ 20 天；叶龄 3.5 ~ 3.8 叶、苗挺叶绿；根部盘结牢固，提起不散。

为达到上述指标，在秧苗二叶期时，可根据天气和苗势配合施用矮化剂。如果气温较高，秧苗生长过快，特别是不能适期移栽的秧苗，每亩秧田可用 15% “多效唑” 可湿性粉剂 120 ~ 150g，按 1∶2 000倍液对水喷雾，以延缓植株生长速度，增加秧苗的干物质含量。有一点要注意的是“多效唑”切忌用量过大，喷雾不匀。

八、栽前准备

搞好机插秧栽前准备工作，还应抓好以下几个环节。

1. 施好出嫁肥

具体施肥时间应根据机插进度分批施用，一般在移栽前 3 ~ 4 天进行。用肥量及施用方法应视苗色而定：叶色褪淡的脱力苗，亩用尿素 4 ~ 4.5kg 对水 200kg 于傍晚均匀喷洒或泼浇，施后要洒 1 次清水以防肥烧苗；叶色正常、叶型挺拔而不下披，亩用尿素 1 ~ 1.5kg 对水 60 ~ 70kg 进行根外喷施；叶色浓绿且叶片下披，切勿施肥，应采取控水措施来提高苗质。

2. 适时控水炼苗

栽前通过控水，促进秧苗壮健，增强秧苗抗逆性。一般春茬秧在移栽前 5 天控水炼苗，麦茬秧控苗时间宜在栽前 3 天进行。

控水方法：晴天保持半沟水，若中午秧苗卷叶时可采取洒水补湿。阴雨天气应排干秧沟积水，特别是在起秧栽插前，雨前要盖膜遮雨，防止盘土含水率过高而影响起秧和栽插。

3. 带药移栽

机插秧苗由于苗小，个体较嫩，易受虫害。在栽前 1 ~ 2 天每亩秧田需用“快杀灵”乳油 30 ~ 35mL 对水 40 ~ 60kg 进行喷

雾。在条纹叶枯病发生区，防治时应亩加 10% “吡虫啉”乳油 15mL，控制灰飞虱的带毒传播危害。

4. 起运移栽

有条件的地方可随盘平放运往大田田头。也可以起盘后小心卷起盘内秧块，叠放于运秧车，堆放层数一般 2 ~ 3 层为宜，过多堆放可能会造成秧块变形或折断秧苗。运至田头应随即卸下平放，使秧苗自然舒展，并做到随起、随运、随插。

第二节　工厂化育秧技术

一、育秧材料准备

（一）床土选择与配制

水稻工厂化育秧的床土分营养土和基质 2 种，均可选用。

1. 营养土的配制

选取本地丰富、易取、干湿适宜、pH 值 5 ~ 6 的耕层土壤作为床土，有利于防治立枯病的发生，培育壮苗，床土用量没亩大田备足 100kg。

床土粉碎过筛，颗粒直径 2 ~ 3mm 的占 70% 以上，其余在 2mm 以下，含水量不超过 10%，不得有石子和枯枝烂叶等杂物。

若床土 pH 值 >6 需要调酸，目前最常用的调酸法是硫黄粉调酸和硫酸调酸。

床土培肥。一般用育秧营养剂培肥，每 100kg 细土匀拌 0.5 ~ 0.8kg 旱秧壮秧剂。或用 45% 复合肥培肥，每 100kg 细土匀拌 1 ~ 2kg 复合肥。但盖籽用的营养土不宜培肥。

2. 基质

选择购买正规厂家生产的基质。

（二）育秧盘准备

水稻工厂化机插育秧一般使用28cm×58cm硬盘，每亩大田接22～25盘育秧。

二、种子处理

（一）盐水选种

选种前先把种子晒1～2天，然后用盐水选种，盐水比重为1∶10（即90kg水±10kg盐）。盐水选种后必须及时充分淘洗或冲洗，将盐分清除干净。

也可用100kg水加40kg左右的泥土配成的泥水选种。

（二）浸种催芽

浸种时间2～3天，使种子吸足水分（吸水量为风干种子重的1/3，含水率达到25%左右）。浸种时一定要勤换水，勤晾种，以防缺氧烂种，要求每天换水2～3次，每次浸种8～10小时后要将种子沥起晾2小时后再浸。

浸种时结合使用浸种灵、强氯精农药等进行种子消毒。或结合本地区苗期病害发生情况，选用当地适宜药剂浸种。

请注意，三唑类农药如多效唑、施保克、三唑磷等，对种子发芽出苗有一定程度的副作用，使用剂量要严格控制。尤其是宁粳系列品种，对三唑类农药比较敏感，尽量不要使用三唑类农药浸种。

三、秧盘装土

营养土每盘装土4～5kg，基质按厂家说明书进行。土厚2～2.5cm，厚薄均匀，土面平整。

在播种前直接用喷壶洒水，使底土吸足水分。

床土消毒防治立枯病。常用药剂为敌克松，70%敌克松可湿性粉剂800倍药液于播种前喷湿床土。

四、播种

谷种经2～3天浸种后可进入播种流程，播种量一般为120～150g/盘湿谷。播种分人工播种和播种机2种情况。

（一）人工播种

播种前可事先催芽至种子破胸露白再播种。

催芽一般在催芽室进行，应预先将室内温室升高，把种子按20kg左右装在箩筐或麻袋中放入催芽室，温度控制在30～32℃范围内，催芽90%种子破胸露白为止，芽长控制在1mm以内。一般催芽时间12～16小时。

（二）播种机播种

播种机播种不宜催芽，浸种后的谷种摊开，沥干水分，至稻种表面无明显水迹、抓在手上放开后稻种能自然撒落、不黏手时再播种。一般需经历3～6小时。

五、盖籽

盖籽土未经培肥的过筛细土，不能用拌有壮秧剂或复合肥的营养土。撒盖籽土前1天，用70%敌克松可湿性粉剂800倍液喷湿盖籽土。

播种后均匀撒盖籽土，覆土厚度为0.3～0.5cm，以盖没芽谷为宜，不能过厚。盖籽土撒好后不可再喷、洒水，以防止表土板结影响出苗。

六、催苗

播种后将秧盘放到密封好的温室，在温室32℃的蒸汽恒温条件下催苗36～48小时，待发出10～15mm长的白色嫩芽后，开窗通风降温至自然温度炼苗4小时，然后将秧苗移入工厂化育秧室或大棚内培育。

也可采用叠盘催苗法。将 20 ~ 40 苗盘堆在一起，苗盘堆上面盖上黑色塑料膜遮光保湿，控制秧盘温度在 25 ~ 35℃，不超过 35℃，催苗 2 ~ 3 天，待发出 10 ~ 15mm 长的白色嫩芽后，移入育秧室或大棚内培育。

还可以采用直接在育秧室或大棚苗架上催苗法。苗盘上架后，盖上黑色塑料膜遮光保湿。

七、秧苗管理

（一）喷水

秧苗出苗阶段必须保持盘土一定的湿度，要求土壤相对含水量达 80% 以上。由于育秧室温度较高，盘土水分蒸发量大，很难做到早上喷水湿润到晚上，因此，每天要多次喷水。播后晴天每天喷水 4 次，上午、下午各 2 次；阴天每天喷水 2 次，上午、下午各 1 次，保持盘土湿润。出苗后以盘土发白，秧苗卷叶为准，根据需要及时喷水。每次喷水都要使秧盘开始渗水，盘土水分饱和为止。

（二）施肥

二叶期看苗施肥，叶片淡黄褪绿的秧苗，施尿素 5 ~ 6g/盘；叶色较正常，施尿素 3g/盘。插秧前 2 ~ 3 天施“送嫁肥”尿素 8g/盘。

（三）控温

育秧室温度要控制在 22 ~ 25℃，最高温在 35℃以下，最低温度不低于 10℃。如遇到 35℃以上的高温，应打开育秧室两侧通风换气降温。插秧前要根据天气及育秧室温度情况，进行通风炼苗。

（四）互换秧盘位置

一般 2 ~ 3 天对下层秧苗互换位置使其生长平衡。

（五）防治病虫害

注重灰飞虱防治，降低水稻条纹叶枯病的发生，机插前用好治虫药。

八、培育适龄壮秧

培育适合机插秧苗，一般培育 18～20 天，叶龄 3.5～4.1 叶，苗高 15～18cm 苗茎粗壮、叶挺色绿、均匀整齐、根系发达盘结、提起不散。

注意：不能超秧龄。

第三节　水稻大棚育秧机械化技术

水稻大棚育苗技术是实现早育壮秧，早插秧，战胜低温冷害，夺取高产的一项先进实用技术，水稻大棚育苗与常规育苗相比，具有投资成本低，操作简单，管理方便，使用范围广等特点，是目前北方比较理想的育苗方式，它是培育机插秧苗，实现机械化插秧的必备设施，是水稻高产栽培体系中的关键环节。

一、水稻机械化育秧的优势

一是可以满足机插秧技术要求。我国北方水稻产区传统育秧法是以户为单位，在自家庭院或大田，采取手工方法做床、铺土、撒肥、播种，稻种分布不均，软盘规格、培土厚度、秧苗高度不一，均达不到机插秧技术标准，影响水稻生长发育及产量，农民不认可，机械化育秧、插秧、收割均无法大面积推广。新育秧法是在 2.3m 高、无支柱蔬菜大棚内机械化育秧，稻种分布均匀且密度可控，每簇机插秧苗数量均可达到 4～5 株标准；软盘规格统一，适合上机；培土厚度、秧苗高度适当，利于机插，解决了机械化插秧关键问题。

二是秧苗品质好，缓秧快。大棚内地温高、光照充足，苗齐、苗壮，出苗率可达100%。大棚举间高，温度自我调控条件好，且人工调控温度方便，不至于发生瞬间直接暴晒秧苗现象，可防止烧秧苗。新法育秧秧苗下地后适应新环境能力明显强于老法育秧，缓秧期缩短1～2天。

三是育秧时间短，抢农时。每年5月15～20日，当地温（13℃）达到插秧要求时，至5月末计半个月时间为插秧黄金时段。有句谚语叫做“不插六月秧”，是说6月插的秧到秋后“贪青”，籽粒不满，严重影响收成。受地温影响（当外界温度稳定在6℃时才能播种），庭院育秧一般在4月10～20日进行，育秧期45天以上，占用黄金插秧期5天左右，受育秧条件和人工插秧慢等因素限制，插6月秧不可避免：新法育秧期一般为35～40天，苗期缩短1周左右，加上机械插秧速度比人工插秧快10多倍，合计可抢农时10～15天。

四是新法育秧有效分蘖率高，产量高。水稻在根部分蘖，有效分蘖率高低是增产增收的关键。农历夏至以前1个月时间为当地水稻有效分蘖期，之后再分蘖只抽穗不结果甚至不抽穗。人工插秧深浅不一、株距不等，插秧质量一直无法提高，新法育秧苗壮、缓秧快、抢农时，水稻可实现充分分蘖，加之机插秧深度可控、深浅适度、株距与行距科学，有利于促进分蘖，有效分蘖率高。当地人工插秧分蘖后，常年每簇秧苗达8～12株，最高16～17株；机插秧分蘖后，每簇秧苗达20～30株，分蘖率比以前高出25%～76.47%。是水稻增产的关键。

五是一棚多用，育秧成本低，经济效益高。冷棚育秧后下茬种粮，一年可实现两茬；种菜，一年可实现三茬。冷棚育秧既可保墒、改良土壤，又能杀灭棚菜常见病，提高粮菜产量。冷棚育秧可省去庭院、稻田育秧用薄膜、弓条等支出，每亩地秧苗降低成本20～30元，70m×8m规格大棚稻秧，可插100亩稻田，

节约育秧费用2 000～3 000元。建上述规格大棚，每栋造价0.4万～0.6万元。

六是方便管理，利于集约化经营。

二、育苗准备

(一) 种子准备与处理

1. 品种选择

选择当地主推的稳产、高产、抗病、品质优良、质量达国标二级以上的良种，即种子纯度不低于98%，发芽率不低于95%，净度不低于97%。含水率不高于14.5%，种子必须每年更换1次。

2. 种子用量

每亩精选种子3.3～4kg。

3. 种子处理

一是晒种脱芒。在浸种前先将种子脱芒，然后选择晴暖天气晒种2～3天，每天翻动3～4次，以提高种子芽势、芽率。

二是选种。采用比重为1：(0.8～1.12) 的盐水或泥水选种，即50kg水加10kg盐，新鸡蛋浮出水面伍分硬币大小即可。捞出秕粒后，再用清水冲洗2～3遍。

三是浸种和消毒。用浸种灵、恶菌灵在水温15～20℃条件下浸种消毒5～7天，积温达100℃，观察谷壳半透明，腹白分明，胚部膨大即可。

四是催芽。在25～30℃条件下（可用摧芽机）进行催芽1～2天，芽长1～1.5mm即可，晾芽6小时左右至不黏手为止，然后准备播种。

(二) 床土配制

好的床土呈颗粒状，通透性好，无草籽，无病菌，含有较多的有机质，酸碱度pH值为4.5～5.5。

1. 床土配比及配置方法

（1）山地腐殖土可以单独使用。如无山地腐殖土可用水田土或无药残的旱田土，（切忌用大豆田土）加草炭活（或腐殖土）做床土。两者分别过筛，筛孔 6～8mm。

（2）用水稻育苗调制剂（壮秧剂），按说明书要求、用量与混合好的底土充分混合后，用农膜盖严，1～2 天待用。

2. 床土检查，调整酸碱度

（1）底土的酸碱度检查与调整。虽然调制剂中有调酸剂，也必须进行检查和调整，其方法是，将混合好的底土放入碗中 1/2，加水没过土搅拌，沉淀 10 分钟左右，将 pH 值试纸放入已澄清的水中 0.5～1 秒拿出与标准试纸对比即可。当 pH 值大于 5.5 时，进行调酸，可用 15% 稀硫酸溶液、硝基腐殖酸，酸化草炭等调酸剂进行调整，使其 pH 值在 4.5～5.5。

（2）覆盖土的调酸。覆盖土一般不加肥，可直接调酸。一般每 50kg 覆盖土加 1～1.25kg 硝基腐殖酸或 1～1.5kg 酸化草炭，将酸碱度 pH 值调到 4.5～5.5。

（3）酸化草炭的配制方法。将加工过晾干的细草炭 50kg 加入 15kg15% 稀硫酸，边浇边拌，反复拌匀，闷 3～4 小时后，即成酸化草炭。

三、大棚及苗床地的选择

一是大棚的选择：应选择水稻专用钢骨架大棚或自己架制的竹木大棚，根据大田面积选择棚的大小，一般按 1：(80～120) 的比例选择。如 70m × 8m 大棚，有效面积 480m^3，可育 3 000 盘，可插 110～130 亩大田。

二是苗床的选择：选择无污染，地势平坦、背风，光照充足，土地肥沃，水电、交通方便的地块做苗床。一般设在房前屋后或园田地，面积大的地方可专门设育苗基地。

三是作床扣棚：3 月上旬清除苗床地积雪、杂物，下旬扣棚，促进化冻，提高地温，播种前 10 天做床。床面应达到“实、平、光、直”要求。实：床面沉实不陷脚；平：床面平整无高低；光：床面无残茬杂物；直：苗床整齐四边垂直。在距两侧棚边 1/4 处分别留 30cm 步道 1 条，有条件的可摆放红砖，棚边留 10cm 空地，床面有效宽 7.0 ~ 7.2m。

四、秧盘准备与选择

每亩大田，一般需要秧盘 22 ~ 25 盘（片）。可选硬盘、软盘或衬盘（秧垫）。隔离层育苗可用带孔的地膜、无纺布、旧编织带（片）做底垫。

1. 播种

（1）播种期。一般应根据各地的实际移栽期按照秧龄 30 ~ 35 天，倒推播种期，按照栽插进度做好分期播种，严防超龄移栽。

（2）播种方法。分机播和手播，机播分自动播种机和手推播种机播种。手播效率低，均匀度差，不易使用，一般用于手插育苗。

2. 作业流程

育苗播种机播种：放硬盘或将软盘、秧垫装入硬盘内—播底土—洒水—播种—播覆土—摆盘或脱盘置床—封膜。

手推播种机播种：摆硬盘（铺软盘）—播底土—浇水—播种—播（撒）覆土—封膜。

无论是硬盘、软盘育苗都必须保证做到如下事项。

（1）底土厚度为 1.5 ~ 2cm（营养土）厚薄均匀，土面平整。

（2）浇水及盘土消毒。水分必须保证土壤饱和、消毒可视床土调整剂功能情况决定是否进行床土消毒，消毒可用敌克松或其他土壤消毒剂，但药量不宜过大，否则影响稻苗生长。

（3）播种量。每盘芽谷重120～150g，播种均匀，无漏籽和重叠现象。

（4）覆土要均匀，厚度为0.5～1cm，以不漏籽为宜。

（5）封闭、除草、盖膜：覆土后，用灭草特（丁草胺）乳油按说明书进行封闭除草，然后床面覆盖地膜，以保湿、保温防止水滴浇露种子。

3. 管理方法

一是温度管理：播种至出苗大棚内温度为30℃，不得超过32℃（温度计掉放在距床面5～10cm，距棚门5m的地方，每棚放温度计2～5个）出苗80%以上揭去地膜。苗齐至1叶1心，白天棚内温度不高于25℃，1叶1心至2叶1心控制在22℃左右，2叶1心以后控制在20℃左右。夜间温度在10℃以上时，可昼夜通风。总之出苗后只要晴天就要通风。注意，如遇连续阴雨低温天或早晨棚内有雾，必须通风换气。

通风的方法：当温度超过规定的温度时，可先在大棚的背风面将棚盖推向棚顶方向，开口大小可根据温度情况而定，先开小口，后开大口，大通风时（两面通风）也先开背风面，然后开迎风面，防止先开迎风面，风进入棚内，将棚膜刮走。通风时，裙部不动。

二是水分管理：出苗前一般不浇水，若底水没浇足或土壤保水性差，出现表土干燥发白，可揭开地膜，补充水分，然后盖好地膜。出苗后发现早晨叶尖不吐水珠，利用早晚时间浇水。2叶1心后以苗叶不打绺为准。浇水原则：不干不浇，浇则浇透。切忌浇花达水。移栽前3～5天控湿练苗，促进盘根。

浇水方法：有喷灌条件的可用喷灌自动喷浇，也可用水泵在水管（水管长度可同棚长）头部加喷头。用喷壶浇水时，可加长喷壶杆进行浇水。

三是防病壮苗：床土未配壮秧剂的可在1叶期内喷一遍“壮苗灵”，防止秧苗徒长。无论床土、种子是否处理1叶1心至2叶1心期间，必须喷一遍“青枯灵”“灭枯灵”等药剂防止青、立枯病的发生。

四是适施“送嫁肥”：移栽前3~5天，追肥1次。插秧前一天下午浇足水分。

五是适时喷药：为防止本田潜叶蝇的发生，应在插秧前3天喷施乐果乳油1次。

六是机插秧苗标准：秧龄28~35天，叶龄3~4叶1心，苗高13~20cm，每平方厘米成苗1.7~3.0株，均匀整齐，苗健叶绿，清秀无病，根系盘结，提起不散，秧块厚2.5cm左右，宽不超28cm。

第四节　水稻盘育秧播种机的使用

一、当前我国水稻盘育秧播种机的现状

水稻盘育秧播种机，使铺土、洒水、播种、覆土等过程自动流水作业；适用于常规水稻和杂交水稻的播种，是实现水稻工厂化育秧和机插秧必备的机械。目前，我国所采用的水稻盘育秧播种机设备主要有2BL－280A水稻育秧播种机，ZBPS－300水稻育秧播种机，2BX－580水稻育秧播种机，2BS－1200型水稻育秧播种机等设备，而且在一些特殊的地区中，人们为了保障水稻生产的质量，也会采用一些进口的水稻盘育秧播种机来进行播种处理。

1. 水稻盘育秧播种机的工作原理

水稻盘育秧播种机在实际应用的过程中，其工作原理十分的简单，它主要是通过点击设备来带动机构驱动输送带，再利用传

动机构来将动力分配的进行设备的各个机构当中，从而使得水稻盘育秧播种机有着良好的播种能力。如图 2－2 所示，在播种的过程中，人们则是将水稻盘育秧播种机的空秧盘通过铺土刷平装置铺底土，镇压辊压土，在利用喷水设备和播种装置将水稻种子均匀的散播的土地当中，然后通过覆土旋转刷将稻种的覆土进行均匀的处理，从而完成整个播种过程。

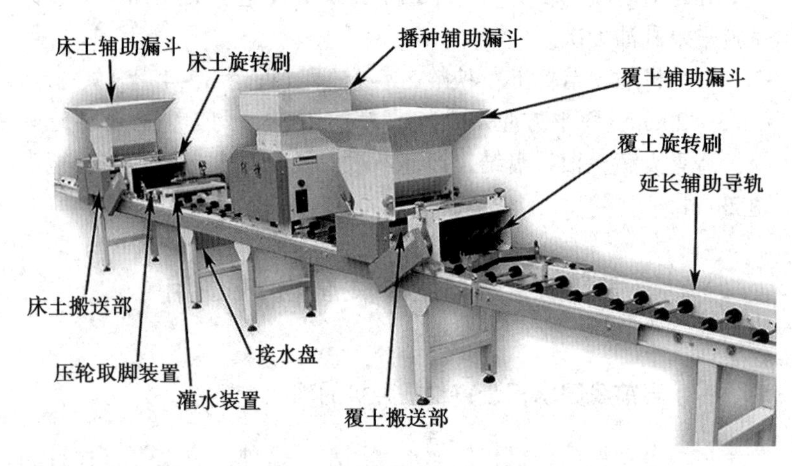

图 2－2　水稻盘育秧播种机

2. 水稻盘育秧播种机的工作特点

目前，水稻盘育秧播种机在使用的过程中人们也将机电一体化的设计理念应用到了其中，从而在真正意义上实现了机械设备的自动化工作，这样不仅提高了水稻生产的效率，还有着良好的作业效果，使得水稻的生产量得到了增加。

二、水稻盘育秧播种机安装、试运转及调整

1. 水稻盘育秧播种机安装

机具安装前，操作者应参照使用说明书对其各组成部分进行

检查，确认后，选择平整的地方，按播种作业流程顺序安装。

(1) 从包装箱取出各个框架，打开折叠的机架和撑杆，将机架安装好，利用4个调节螺栓调整使整体呈水平状态（可用水平仪进行调整）。最后锁紧调节螺栓，将机架固定，完成各料斗和机架的组装。

(2) 将轮子装在机架上。

(3) 安装灌水装置和接水盘。

(4) 安装接种箱、盘。

(5) 安装辅助框架。

调整铺土、播种、灌水、覆土部件的位置，使各部件的传动链条张紧后，固定各部件的连接螺栓。安装完毕后，按使用说明书的规定连接好水源、电源以及机器的安全接地。

2. 水稻盘育秧播种机试运转

应由一个人进行操作，避免机器突然启动出现危险。主要是确认播种机各个部分的动作。

3. 水稻盘育秧播种机调整

调节工作是在机器运转过程中进行的，需要准备好育秧盘，将筛选好的用于育秧的床土放入料斗，开启电源进行试运转，检查各组成部分的运转情况，确认各部分动作正常后，按播种要求分步骤进行调整。

(1) 导板的调整。在育秧盘运行时，观察各个部分导板的缝隙，工作时育秧盘应在机器的中央，导板与育秧盘的适当缝隙为2～3mm。通过调整左右导板可以实现。

(2) 育秧盘床土厚度的调整。转动床土料斗调节盘，调节床土排出量，毛刷头部稍微接触时为适当状态，床土的厚度町根据实际需要确定，调节范围在18～25mm。

(3) 旋转刷的高度调整。对35mm高育秧盘，育苗床土高为35mm减10mm，操作如下。

①把育秧盘放入耙平刷子的下方。

②一面提起手杆一面设定在铭板标记“35 箱高”的黑字“0”的位置。

③刷子的头部轻轻与育苗盘的上端接触即可。否则转动左右的送进螺丝进行调节，调整后用固定螺母固定。

④调整后提起手杆，移往黑字“10”处，进行耙平作业，用尺测量并确认是否减去了 10mm，如有误差，再用松紧螺丝进行调整。

⑤如需镇压育苗床土表面，卸下固定镇压辊的钩子，不需要调整辊的高度。

（4）喷水量的调整。在播种作业之前，每次都应利用实际使用的土地来进行试验性喷水，否则将发生湿害或水量不足，从而影响出芽和生长。喷水后经过 3 ~ 5 分钟，达到育秧盘底稍有滴水，表面无积水，覆土全部湿透为宜（实际可用火柴棒挖掘育苗土观察水的渗透状态，如果底面的土有的喷到水，有的没有喷到水，为合格状态，因为过一会水会渗透，遍布整盘；若呈泥浆状，为喷水过多）。喷水量是通过调节水压来实现，机器上都有水压和喷水量对应表。

（5）播种量的调整。播种量可有以下几种方式进行调节。

①推动变速手杆，有 6 个挡位进行变速，实现播种量调整。

②播种量在此范围之外，可卸下罩壳，更换齿轮，有播种量与更换齿轮对照表。更换齿轮时，一定要安全操作。

③播种作业中，可通过调节盘对播种量做微量增减调整（±10g左右）。

三、水稻盘育秧播种机播种作业

1. 水稻盘育秧播种机作业要点

（1）作业时应在育苗床土料斗、盖土料斗和播种料斗中加

入足够适宜的床土、盖土和稻种，并在播种作业过程中有专人进行不断添加，并严格检查，严禁石子、杂物进入，保证床土和稻种的正常供给，如图 2－3 所示。

图 2－3　水稻盘育秧播种机操作

（2）作业过程中操作人员应经常注意播种机各部工作状况及播种、覆土、喷水的质量是否达到规定要求。发现故障或质量下降应及时切断电源停机检查、排除或调整，保证正常运行。

（3）完成播种的育秧盘应有专人取下，检查是否有种子露出现象，如有应及时手工补土覆盖。

2. 水稻盘育秧播种机经验参考

（1）第一箱的前缘部分不容易放入土，所以，需要预先在箱子的前端部分加入少量的土，如此第一箱也可以使用。

（2）调节喷水装置的位置，正好在土表面水退下之前落下稻种。

（3）播的稻种要浸种至露白，晾干至干壳状态为最好。

四、水稻盘育秧播种机作业后的检查和维修保养

1. 班保养

每班作业后应按使用说明书的要求对播种机各部分进行清理、检查，及时保养调整。清洗机架和输送滚子上的泥土杂物，

对传动链、齿轮及轴承加注润滑油。

2. 维修、存放保养

播种期结束后应对各部分进行彻底清理，检查各工作部件的磨损，必要时更换；各传动件加注防锈油。保存时应将皮带保持松弛状态，避免皮带过度拉伸疲劳。机器应存放在干燥通风处，为防止灰尘，应盖上罩子。

播种机在使用的过程中，容易受到各方面因素的影响，因此，导致水稻盘育秧播种机的设备的性能出现问题，为此我们就要采用相关的维护手段，来对其进行处理，以确保水稻盘育秧播种机的正常运行。

第三章　手扶式插秧机的使用

在水稻机插秧工作中能否取得成功，必须满足以下几个条件：机、人、苗和田4个因素。水稻机插秧具有浅栽，宽行，定苗，定穴的特点，机插水稻在生长中具有通风，透光，低节位分蘖，符合水稻群体质量栽培技术要求，是一套行之有效的水稻机械化高产栽培术。

第一节　插秧机的使用与调整

一、常发牌2ZS－4型手扶式各部分名称和功能

1. 常发插秧机各部分名称

常发插秧机各部分名称，如图3－1所示。

2. 操作手柄的说明

（1）油门手柄。将油门手柄（图3－2）往里旋转，发动机转数变高，相反则变低。

（2）变速杆。变速杆（图3－3）位于前方挡位板上，设有行驶、插秧、中立、倒退4个位置。杆位置从右到左按行驶、插秧、中立、倒退顺序排列。

注意：当操作变速杆时，须在发动机低速并在主离合器“断开”状态下进行。当倒退时，须注意机身后部。并通过油压操作手柄将机体提升，此时注意不让手把上翘。

（3）油压操作手柄。油压操作手柄是通过油压操作机体上

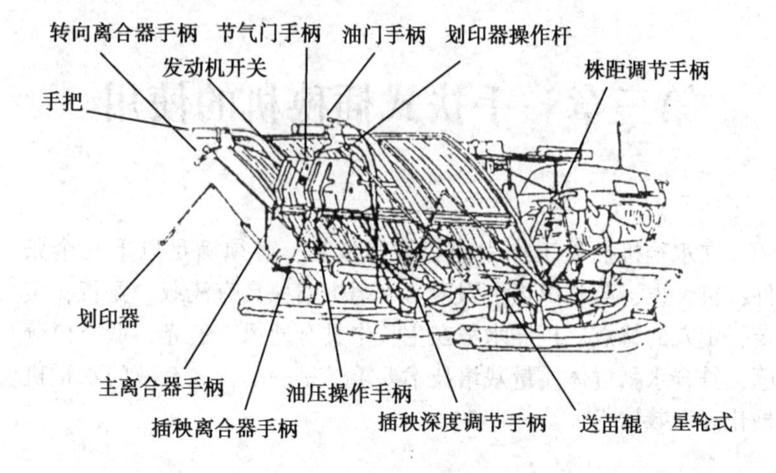

图 3－1　常发插秧机各部分名称

图 3－2　油门手柄

升、固定、下降的操作手柄。手柄拨到“上升”位置时，机体则上升，“固定”位置时机体在任意位置上固定，“下降”位置时，机体则下降。

（4）节气门手柄。设置在操作面板的黑手柄在启动发动机

图3－3　变速杆

时用，在热机状态下，将黑手柄推到最大位置；在冷机状态下，将节气门手柄拉到最大位置，发动机启动后，将节气门手柄慢慢地推到底。

（5）主离合器手柄。是连接或断开从发动机到各部分动力的操作杆。拨到上部时，连接从发动机到各部分的动力，相反则断开动力。液压泵动力直接连发动机，与主离合器无关。

注意：连接主离合器时，将发动机变低速。“断开”位置时，机体自动不上升，在此状态下补给秧苗。

（6）发动机开关。发动机启动时将开关（图3－4）拨到“ON”位置，停止时拨到“OFF”位置，照明时拨到“LAMP”位置。

（7）插秧离合器手柄。插秧离合器手柄是操纵插植臂的转动和停止的操作手柄。将此操作手柄拨到“连接”位置时，插秧开始；拨到“断开”位置时，插秧停止。

（8）株距调节手柄。株距调节手柄是调节株距（每3.3m^2的株数）的操作杆（图3－5），通过推或拉可以调节选择3挡株距。

注意：株距调节手柄的操作是在插植臂低速运行下进行。

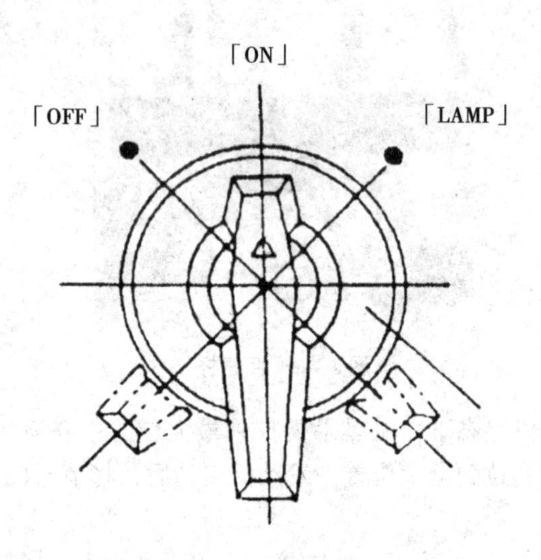

图 3－4　发动机开关

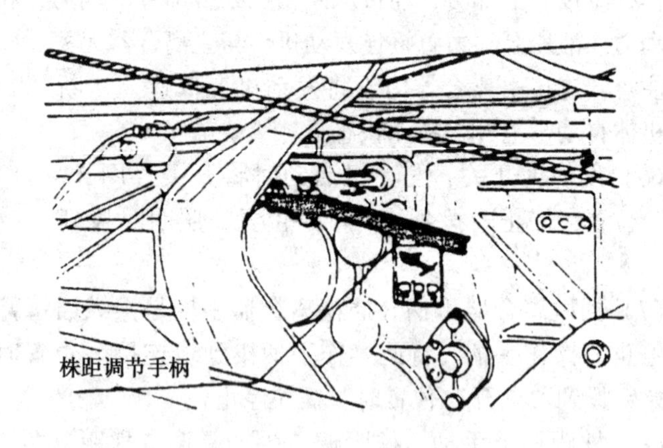

图 3－5　株距调节手柄

(9) 反冲式启动手柄。反冲式启动手柄（图 3－6）设置在手把附近，容易操作。

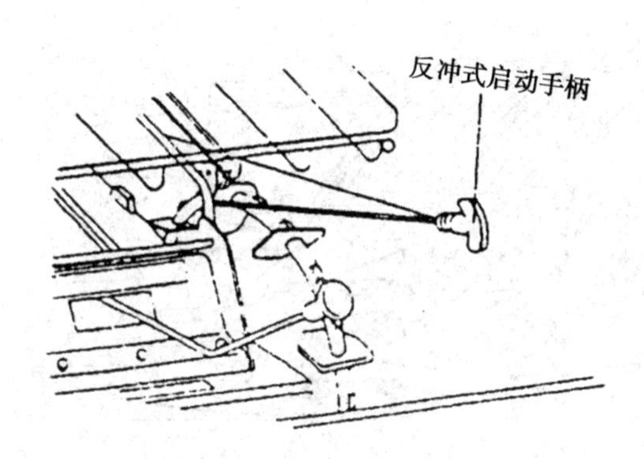

图 3－6　反冲式启动手柄

（10）转向离合器手柄。转向离合器手柄（图 3－7）用于分别切断左右侧驱动轴动力来改变转向。

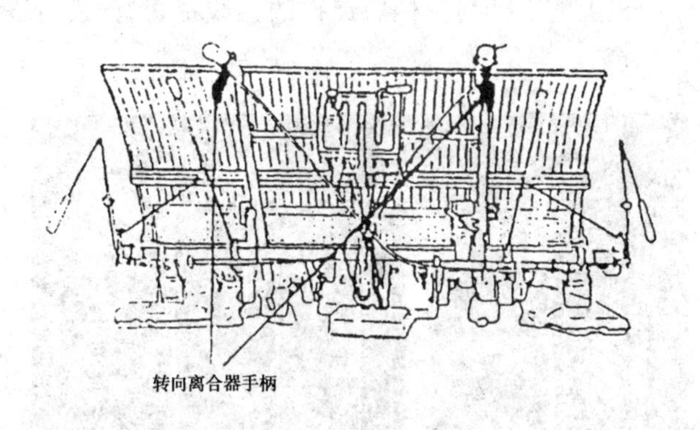

图 3－7　转向离合器手柄

（11）插秧深度调节手柄。插秧深度调节手柄（图 3－8）的调节范围为 4 挡。往上拨动为浅，相反则深。浮板支架上还有 6 个插孔可以调解插深。

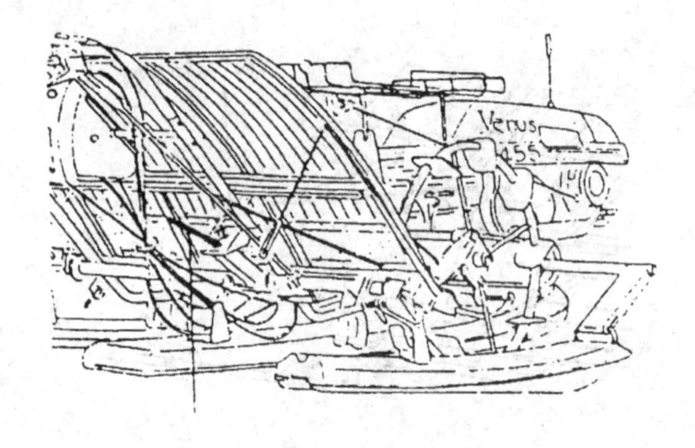

图 3－8　插秧深度调节手柄

二、各手柄的调整

操作面板上的手柄与手柄后连接的拉线密切有关，见图 3－9 所示。

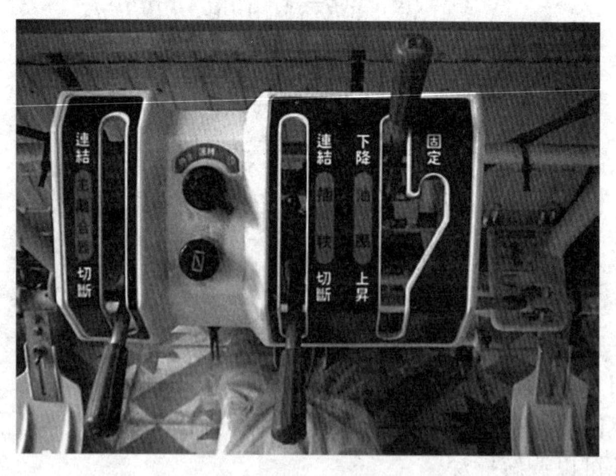

图 3－9　操作面板

(1) 各手柄拉线。调节应掌握尺度，否则，插秧机将不能正常工作。操作面板，如图 3－10 所示。

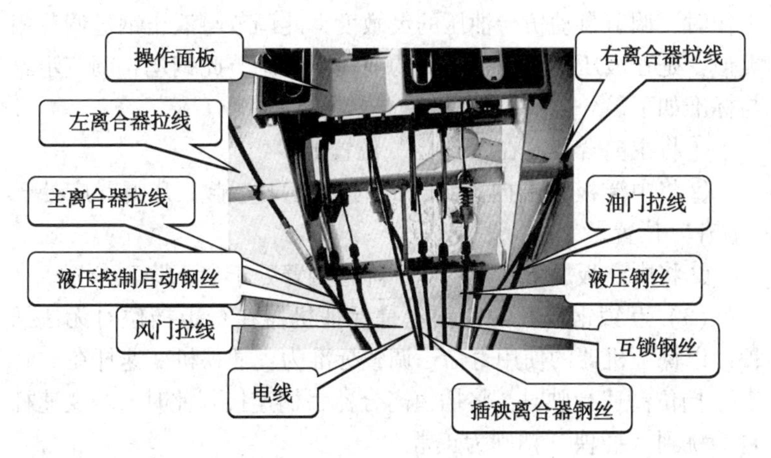

图 3－10　插秧机拉线

①主离合器手柄在“切断”的“切”位置时开始起作用，此位置为最佳状态，如主离合器拉线（黄）过紧将导致主离合器皮带磨损过快，降低其使用寿命；如过松则导致皮带打滑，行走无力。

②插植离合器手柄也应在“切”的位置时开始工作。如插植离合器拉线（绿）过紧则会导致插植部不能正常分离；过松则不能正常结合。

③液压手柄应在“上”的位置上起作用。液压钢丝（蓝）调整时有 3 个位置，液压泵阀臂应紧靠在“上升”的位置，即后边为 10mm 凸台；手柄在“固定”位置时，液压泵阀臂对应在两个 10mm 凸台中间位置；在“下降”位置时，液压泵阀臂对应在“下降”位置，即紧靠前边 10mm 凸台。通常以“上升”“下降”位置作为调整标准。

如拉线过紧则导致下降缓慢且停机后有时会自动下降；如拉

线过松则导致难以上升或上升缓慢且机身自动下降。

（2）液压控制。制动拉线（红）作用是：在主离合器正常工作时，调节自动仿行油压的灵敏度，此调节与液压钢丝调节相类似，是在液压钢丝调整正确的前提下，调节此钢丝，调节步骤与标准如下。

①将主离合器放在“连接”位置上。

②将中浮板前端向上抬，此时，机身应能上升阀臂应处于“上升”位置。

③将中浮板放下，机身应下降且阀臂处于“下降”位置。

（3）互锁钢丝。互锁钢丝是保证机器在行走挡位时无法插秧，以保证机器的使用寿命。调整标准为：插秧机变速杆在“行走”挡位高速行驶时，将插植离合器手柄连接，此时，若变速杆自动跳到“插秧”挡则为正常。

（4）启动开关。从左至右顺时针反向，3 个挡位分别是“停机（OFF）”“启动（ON）”“灯（LAMP）”，拨到“启动”时，拉动反冲启动机器，机器可正常启动。拨到“LAMP”时，机器前灯打开。拨到“停机”时，发动机熄火，各触点位置正常，如不正常应更换。

（5）风门手柄。风门手柄全拉开时，风门关闭；风门手柄推到底，风门全开。

（6）转向离合器手柄。转向离合器手柄间隙标准为 0 ~ 1mm，手柄起作用的握力在 1.8kg 以内，调整螺丝在拉线中端。在操作中，左右转向离合器拉线调节的松紧程度应保证分离清晰，转向灵活，接合到位。

（7）株距调节手柄（图 3 – 11）。在齿轮箱右侧（面向前进方向）株距变速挡共 3 挡，从内向外分别是 94 – 84 – 75/67 – 60 – 54，对应的株距分别为 11.7cm、13.1cm、14.6cm/16.3cm、18.2cm、20.2cm。

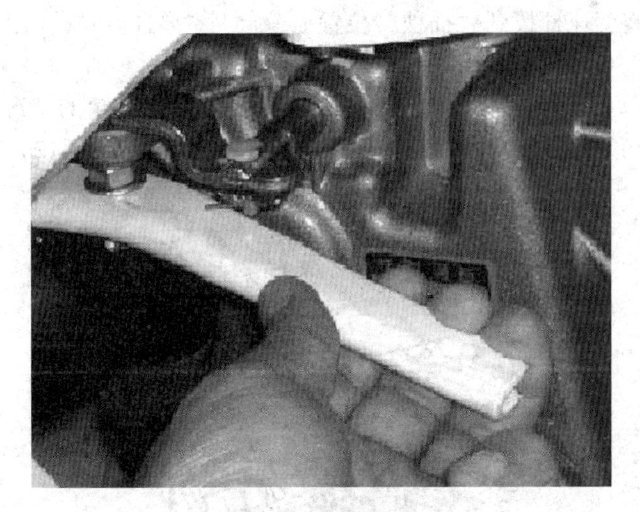

图 3－11　株距调节手柄

调节方法。

①变速杆在“中立”位置，插植臂慢速运转。

②推或拉株距手柄，调节到所要位置（在正确挡位上时有“咔嗒”声，而手柄调节处在中间位置时，尽管发动机正常工作，插植离合器在“连接”位置时，插植臂也无法动作）。

③加大油门，使插植臂高速运转，确认株距手柄无掉挡现象。

三、插秧作业方法

1. 操作顺序

（1）发动机启动。检查是否加汽油、发动机机油。燃油旋阀是否在“ON”位置上。节气门是否拉在最大位置上。油门手柄是否在1/2位置上。拉反冲式启动器，启动后，将节气门手柄推回原位置。

（2）插秧机驶入稻田。把液压操作手柄往下拨，使机体上升。将变速杆拨到“插秧”位置上，合上主离合器驶进稻田。

2. 补给秧苗

（1）苗箱延伸板。补给秧苗时，秧苗超出苗箱的情况下拉出苗箱延伸板，防止秧苗往后弯曲的现象出现（图3－12）。

图3－12　苗箱延伸板

（2）取苗方法。取苗时，把苗盘一侧苗提起，同时，插入取苗板（图3－13）

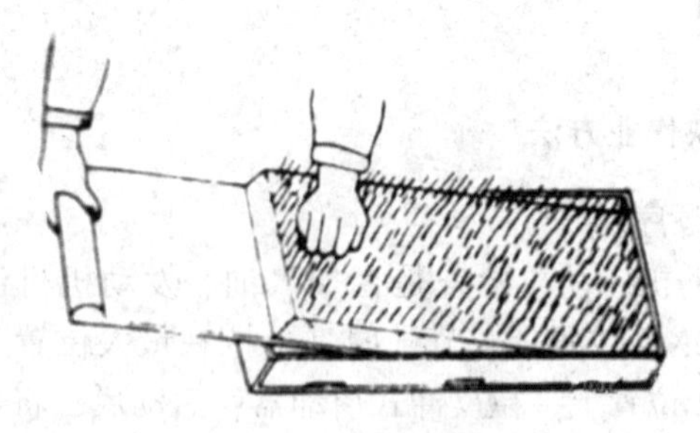

图3－13　取苗方法

在秧箱上没有秧苗时，务必将苗箱移到左或者右侧，再补给秧苗。

秧苗不到秧苗补给位置线之前，就应给予补给。若在超过补给位置时补给，会减少穴株数。图 3－14 是在补给秧苗时，注意剩余苗与补给苗面对齐；图 3－15 是在补给秧苗时，不必把苗箱左右侧移动。

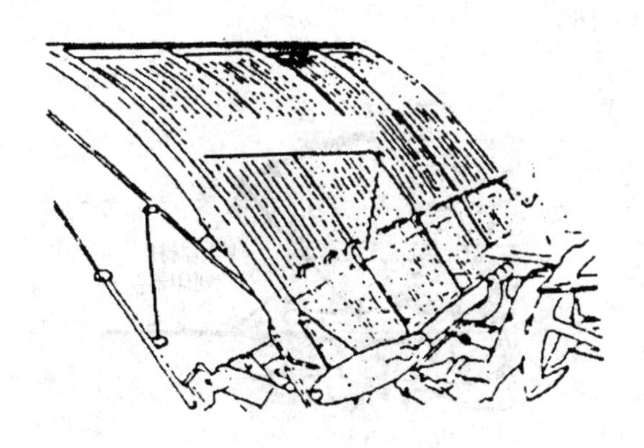

图 3－14　补给秧苗

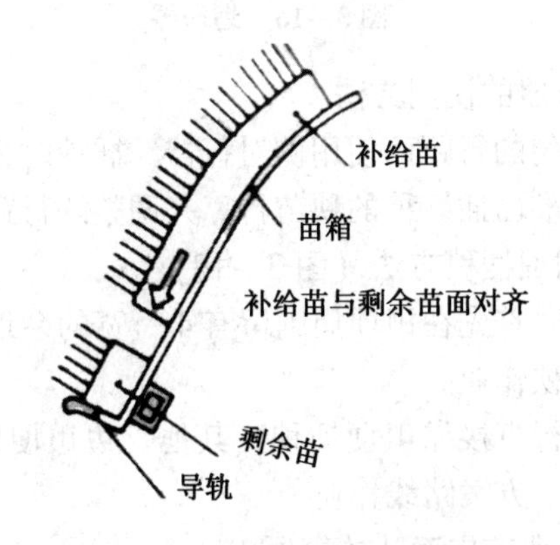

图 3－15　剩余苗与补给苗对齐

3. 划印器的使用方法

为了保持插秧直线度而使用划印器。

使用方法是：检查插秧离合器手柄和液压操作手柄是否分别在“连接”和“下降”位置上。摆动下次插秧一侧的划印器杆，使划印器伸开，在表土上边划印边插秧。划印器所划出的线是下次插秧一侧的机体中心，转行插秧时中间标杆对准划印器划出的线（图 3－16）。

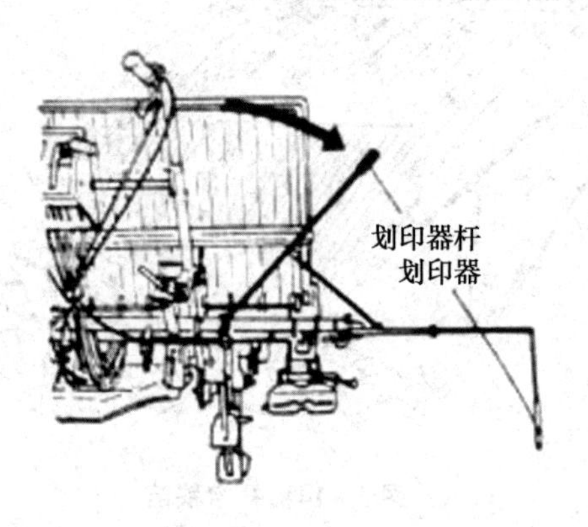

图 3－16　划印器

4. 侧对行器的使用方法

为保持均匀的行距而使用侧对行器。插秧时把侧浮板前上方的侧对行器对准已插好秧的秧苗行。并调整好行距（图 3－17）。

5. 田埂周围插秧方法（图 3－18）

一是插秧时首先在田埂周围留有 4 行宽的余地，按第一方案的路线进行插秧作业。

二是第一行直接靠田埂插秧，其他三边田埂留有 4～8 行宽的余地，按第二方案路线作业。

6. 插秧作业前应确认的事项

一是弄清稻田形状，确定插秧方向。

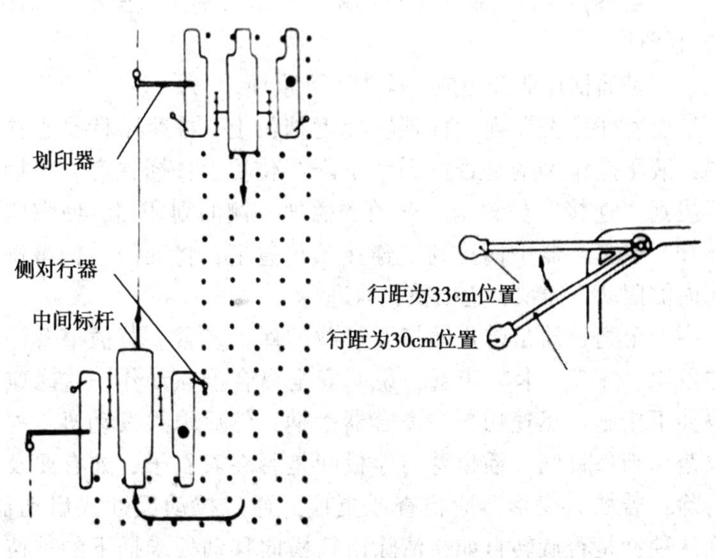

图 3-17　划印器和侧对行器使用方法

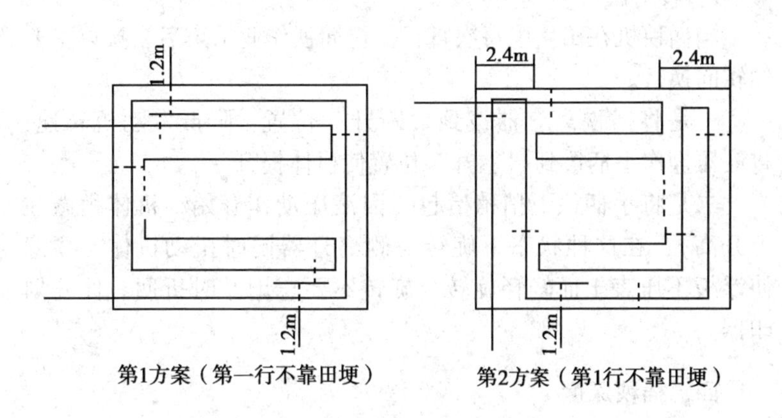

图 3-18　田埂周围插秧方法示意图

二是最初 4 行是插下 1 行的基准，应特别注意操作，确保插秧直线性。

三是插秧作业开始前，检查下列事项。

变速杆是否拨到“插秧”速度挡位上；株距手柄是否挂上挡；液压操作手柄是否拨到“下降”位置上；插秧离合手柄是否拨到“连接”位置上；摆动要插秧一侧的划印器，使划印器伸开；主离合器手柄拨到“连接”位置上，将油门手柄慢慢地向内侧摆动，插秧机边插秧边前进。

安全离合器是防止插植臂过载的保护装置。若插植臂停止并发出“卡”“卡”声音，说明安全离合器在动作。这时应采取如下措施：迅速切断主离合器手柄；然后熄灭发动机；检查取苗口与秧针间、插植臂与浮板间是否夹着石子，如有要及时清除；若秧针变形，应检查或更换。通过拉动反冲式启动器，确认秧针是否旋转自如，清除苗箱横向移动处未插下的秧苗后再启动。

7. 转向换行

当插秧机在田块中每次直行一行插秧作业结束后，按以下要领转向换行。

一是将插秧离合器拨到“断开”位置，降低发动机转速，将液压操作手柄拨到“上升”位置使机体提升。

二是将手柄往上稍稍抬起（因液压动作开始，机体稍微往上升高），在这种状态下旋转一侧离合器同时扭动机体，注意使浮板不压表土而轻轻旋转。旋转不要忘记及时折回、伸开划印器。

四、插秧深度

插秧深度调节通常是用插秧深度调节手柄来调整，共有 4 个挡位，其中，1 挡为最浅位置；4 挡为最深位置。当这 4 个挡位

还不能达到插深要求时，在下面3块浮板上，还设有6孔的浮板安装架，通过插销的连接来改变插深，需要注意三块板上的插销插孔要一致。插秧深度是指小秧块的上表面到田表面的距离，如果小秧块的上表面高于土面，插秧深度表示为“0”，标准的插秧深度为0.5～1cm。插秧深度以所插秧苗在不倒不浮的前提下，越浅越好。

第二节　插秧机的工作原理

常发牌2ZS－4型手扶式插秧机是采用对秧块（58cm×28cm×3cm）进行均匀分割的原理来完成分秧、送秧、插秧，实现定量苗插秧的目的。由于秧针是对秧块等面积分割（不是针对秧苗），所以，只要秧块上的秧苗分布均匀，那么秧针切下的定量面积土块上的秧苗（每穴秧苗的数量）就是均匀的。为了保证不同地区的农艺要求，该机设计了30种不同规格的秧块面积可选用，以保证合理的穴株数。只要合理调整纵、横向取苗量，就能够得到合适的穴株数。

插秧机工作时，秧针插入秧块后抓取定量秧块，并下移，当移至设定的插秧深度时，推秧器将秧苗从秧针上推出，插入大田，完成一个插秧过程，同时，插秧机在大田行走一个穴距。插植臂的旋转速度（插植速度）与整机的行走速度合理匹配后，就产生了适应当地农艺要求的、不同的穴距（至少3种穴距）。

为了保证不同地区的农艺要求，常发牌2ZS－4型手扶式插秧机设计了24种插秧深度可选用，以保证合理的插秧深度。只要合理调整插深调节手柄（4个位置）、浮板后端的连接孔（6组），就能够适应当地的农艺要求。插秧机工作时浮板上下动作，驱动液压仿形系统，控制秧针与田面的相对高度，从而实现了一致的、合理的插秧深度。

一、常发牌 2ZS－4 型手扶式插秧机的工作原理

通过改变秧块的面积来控制穴株数；通过插植速度与整机行走速度的合理匹配来达到农艺规定的穴距要求；通过调整并借助液压仿形机构来实现合理、一致的插秧深度。

二、常发牌 2ZS－4 型插秧机使用规范

机手在使用插秧机前，要认真阅读使用说明书，参加培训班学习。以便了解常发牌 2ZS－4 型插秧机的使用方法、使用注意事项，并按要求安装好附属装置。

机插秧的秧苗必须是经过标准化程序培育的毯状、带土秧苗。秧盘的规格为 58cm×28cm×3cm，每盘用土量约为 3.5kg。苗盘播种的密度要适中，一般情况下每盘播种量为：杂交水稻 80～100g、常规水稻 120～150g，秧苗空格率要小于 5%。插秧机使用的秧苗大多以中苗、小苗为好，一般要求秧龄在 18～22 天，叶龄 2～4.5 叶，适宜苗高 10～25cm，每平方厘米成苗 1.7～3.0 株。均匀整齐，苗挺叶绿，清秀无病，根系盘结，提起不散。

插秧前 1 天，要给育秧盘内底土（或秧苗底土）充分浇水，插秧时用手指按住底土，以手指能够稍微按进去的程度为宜，土壤含水率为 35%～55%。

插秧机作业的田块应地表平整，全田高低差小于 3cm，田块软硬适度；用锥形穿透计测定，标准深度 8～10cm；地表无杂草，无浮茬，犁底层深度不宜太深，不宜用铧式犁耕翻，宜采用旋耕机浅旋耕，耕深在 80～120mm。

整地后，一般黏性土壤应沉淀 2～3 天、壤土沉淀 1～2 天、沙性土壤沉淀 1 天为宜。泥浆沉实后泥水分清，沉淀不板结，水

清不浑浊。插秧机作业时泥脚深度在100～300mm范围内。

第三节　插秧机作业前检查

一、试运转前的检查

（1）检查插秧机的连接件是否松动，检查插植臂等其他运动部件的间隙是否合理，若不正常应及时调整。

（2）检查皮带、链条的张紧度。

（3）检查以下几点。发动机及各齿轮箱、链轮箱的油量检查；各转动、摩擦部位的润滑检查。若需加注油，按下表要求操作。

表　发动机及各齿轮箱、链轮箱的油量检查表

部位	油种类	个数	注油量
发动机机油	汽油机油SE15W/40	1	0.6L
油箱	无铅汽油	1	3.5L
齿轮箱	重载荷车辆齿轮油80W/90	1	3.5L
链轮箱	重载荷车辆齿轮油80W/90	2	各0.3L
插植部支架	通用锂基润滑脂3号	1	500g
侧支架	重载荷车辆齿轮油80W/90	2	各0.2L
插植臂	通用锂基润滑脂1号	4	各18g
其他注油部位	黄油或机油	N处	若干

（4）检查插秧机的秧针、苗箱、导轨、取苗口等是否有变

形和损坏，秧针间隙是否合适，插植臂的取苗量是否一致。

（5）检查插秧机的各拉线是否连接正常、工作可靠。

（6）检查4个插植臂位置是否正确一致。

二、无负荷试运转

（1）将插秧机变速手柄放置在“中立”位置。

（2）正确启动发动机。

①将燃油油路开关拨到“ON”的位置上。

②将主离合器手柄、插秧离合器手柄、液压操作手柄都扳到“切断”“切断”“下降”的位置上。

③将发动机开关旋到“运转”的位置上，夜间旋到“照明”位置上。

④将油门手柄旋转到中速位置。

⑤冷机时将风门手柄拉到最大，风门全闭；暖机时推到底，风门全开。

⑥以正确姿势拉反冲式启动器。

⑦发动机启动后，慢慢地放回节气门手柄。

（3）扳动液压手柄，检查插秧机液压升降系统是否正常。

（4）扳动离合器手柄，检查插秧机离合器手柄是否正常、可靠。

（5）检查插植臂动作是否正常、一致，苗箱运动有无异常。

（6）检查纵向取苗量调节、横向取苗次数调节、穴距调节等各调节是否到位。

（7）行走操作，检查变速挡位、左右转向是否灵活、可靠。

第四节　插秧机的田间作业

一、作业前再次检查、调整

将插秧机运送至田边，作业前还需再次检查、调整，以免作业时出现故障。

（1）压苗器的纵向栅条与秧块的上表面之间的标准间隙为2～3mm。当间隙不对时，松开压苗器的碟形固定螺栓，前后调整压苗器，使之达到标准要求，并使左右的间隙相同。

（2）秧针和秧门侧面的标准间隙要≥1mm。当间隙不对时，可以通过松开苗箱支架和苗箱移动滑杆的夹紧螺栓，左右移动苗箱进行调整，并使左右两侧的间隙一致；也可以通过增、减或更换秧爪连接轴上的“C”型垫片来调整。

（3）穴距调整。常发2ZS－4型插秧机的行距30mm是固定的。农户会根据田块的肥力、水稻的品种和插秧时间的不同，要求机手调整穴距，以适应当地的农艺。一般情况下穴距调节手柄放在中间位置（84cm），穴距控制在13.1cm左右。

（4）插秧深度的调整。根据农艺要求，插秧机的插秧深度应达到不漂不倒，越浅越好，栽插深度控制在1.5cm以内。一般情况下，通过调整插深调节手柄的位置（4个位置）可以改变插秧机的插秧深度，往上为浅，往下则深。还可以通过调整浮板后支架上6个插孔的位置来辅助调节插深。

（5）穴株数的调整。水稻品种不同，穴株数也不同。一般品种每穴2～5株比较合适。可以通过调节纵向取秧量和横向取苗量来改变秧针的取秧量，从而改变每穴的株数。

二、插秧机田间作业注意事项

机器经检查完好后，按空车试运转的方式启动发动机，操作液压手柄，升起插秧机，将变速手柄扳到插秧位置，合上主离合器，驶入田中。分离主离合器停车，操作液压手柄，使插秧机下降。根据秧苗、田块的情况，按当地农艺要求预设纵向取苗量、横向取苗次数、穴距、插秧深度。

为进出田块方便，降低人工补栽量，应预先考虑好插秧机作业的行走路线，确定田埂周围的插秧方法。推荐以下 2 个方案可供选择。

（1）插秧时首先在田埂周围留有 4 行宽的余地。

（2）第一行直接靠田埂插秧，其他三边田埂留有 4 ~ 8 行宽的余地。

作业前应确认的事项。

①弄清大田形状，确定插秧方向。

②开始作业的第一个 4 行是以后每个 4 行的插秧基准，要尽量保持插秧机直线行走。在插秧第一个 4 行时最好在田边拉一根绳，作为第一个 4 行的基准。

③试插几穴后，要根据土壤的软硬程度和农艺要求作相应的调整。

④插秧作业应注意事项：变速手柄要在“插秧”行走档位上；液压操作手柄要在“下降”位置上；插秧离合手柄要在“连接”位置上；侧对行器要打开；主离合器手柄要在“连接”位置上。慢慢转动油门手柄，插秧机的工作效率将发生变化，以便找到与机手行走速度相适应的作业效率。

⑤安全离合器是插植臂工作的过载保护装置，如果插植臂停止，安全离合器连续发出“咔”声音，说明安全离合器在打滑，这时应采取措施：迅速切断主离合器手柄；熄灭发动机；检查秧

门与秧针间、插植臂与浮板间是否有石子、铁丝等异物，并及时清除。如果秧针变形，要及时整形或更换；如果不是插植臂的故障，应检查其他传动部分。排除故障后要先通过拉动反冲式启动器，确认秧针旋转自如后，再次清除秧门处未插下的散乱秧苗，才能启动发动机，重新作业。

⑥插秧机在田间作业时应尽量少用倒挡。插秧机不能长距离倒退行走，否则会引起行走轮裹泥、下陷、打滑。

给插秧机添加秧苗。当插秧机开始作业或苗箱秧苗即将用完时都要添加秧苗。通常情况下，一亩大田需要 20 ~ 25 盘秧苗。首次装秧时，应将苗箱移到最左或者最右侧后，再装秧，否则会造成插植臂取秧混乱、取苗口堵塞、漏插，甚至机器损坏。放置秧苗时，要使秧块紧贴苗箱，不得翘出、拱起，同时，调整好压苗器、锁紧。补给秧苗应在秧苗到达秧苗补给位置之前进行。若作业中苗箱上有一行没有秧苗时，应按首次装秧要求，重新补给秧苗。

为保证作业质量，不出现空档、压苗的现象，插秧机在作业时要正确使用插秧机上的划印器和侧对行器。插秧时把侧浮板前上方的侧对行器对准已插好的秧苗行，并调整好行距（30 ~ 33cm）。

插秧时秧的姿势不好

1. 机器在工作中，发现秧漏插很多，是什么原因

秧爪、推秧器变形调整不好，推秧器缠有杂物，导致秧漏插。秧苗的播种量不均匀，送秧状态不好，秧块太干、过宽，压苗器压得太紧，秧苗纵取苗量手柄位置放在少的位置上了，导致秧苗的漏插。

2. 机器在工作中，发现 4 盘秧的送秧不一样，有多有少是什么原因

根据现象判断 4 个秧针的高度不一样，调整高度。秧块的宽

度不一样，导致送秧不一致，4 个压苗器压的紧度不一致，秧块干湿度不一样，导致送秧不一。

3. 机器工作中，发现秧苗有拱起的现象是什么原因

秧块土层太薄，没有达到 2 ~ 3cm 厚度，秧块水分太多，压苗器太高，压不住秧苗，导致苗箱有拱起的现象。

4. 机器工作中，发现伤秧的现象是什么原因

秧针磨损、变形；推秧器磨损、变形；减振垫损坏；发动机转速太高（2 600rpm）

秧块床土水分；（35% ~55%）

5. 机器工作中，发现钩秧、夹苗的现象是什么原因

秧针尖端磨损、弯曲；秧块床土厚度小于 2. 5cm；推秧器、导套磨损。

推秧弹簧折断、推秧器位置（推秧器尖与秧针尖平齐）调整不当；拨叉与凸轮磨损。

6. 机器工作中，发现倒浮的现象是什么原因

秧块床土水分过多或过少（35% ~55% 为宜）；插秧深度调节不当（太浅）；水田表土过硬、过软或浮茬太多；秧针变形；地块水太少或太多（1 ~2cm 为宜）；行走速度太快；推秧器推出行程不到位；秧块床土厚度太薄（不足 2. 5cm）；秧苗太高以及秧苗中间折了。

7. 机器工作中，发现秧门处积秧的现象是什么原因

压苗器间隙不对；秧针失效，不能充分取苗秧块床土过厚；超过标准厚度 3cm；苗土中有异物；首次装秧时，苗箱未移动到两端；秧块床土含水量太大。

8. 机器工作中，发现秧苗盘脱离苗箱的现象是什么原因

压苗器与苗箱距离太大；苗箱和手把之间的距离太大；机手身体较高，手把抬得太高；整机震动大；秧块床土绝对含水率太高。

9. 机器工作中，发现苗移送轴（六角）送秧不充分的现象是什么原因

送秧棘轮弹性销 3×20 脱落；棘轮槽宽磨损；棘爪脱落或棘爪复位弹簧变形、脱落；苗移送轴轴向窜动；苗移送臂焊合（左、右）变形；苗移送焊合的调节板孔位（3 个 $\phi10$ 的孔）不对；苗移送杆调整不当。

根据上面的现象要从机器调整性能，田地情况，秧苗情况，机手操作情况考虑，才能解决以上问题。

三、插秧作业质量要求

机械化插秧的作业质量对水稻的高产、稳产影响至关重要。插秧机的作业质量必须达到以下要求。

（1）漏插。漏插指机插后插穴内无秧苗。漏插率≤5%。

（2）伤秧。伤秧指秧苗插后茎基部有折伤、刺伤和切断现象。伤秧率≤4%。

（3）漂秧。漂秧指插后秧苗漂浮在水（泥）面。漂秧率≤3%。

（4）勾秧。勾秧指插后秧苗茎基部 90°以上的弯曲。勾秧率≤4%（仅作为参考）。

（5）翻倒。翻倒指秧苗倒于田中，叶梢部与泥面接触。翻倒率≤3%。

（6）均匀度。均匀度指各穴秧苗株数与其平均株数的接近程度。均匀度合格率≥85%。

（7）插秧深度一致性。一般插秧深度在 10～35mm（以秧苗土层上表面为基准）。

插秧机作业时，应确保直行、足苗、浅栽、直立。在每次作业开始时要试插一段距离，以检查每穴苗数和栽插深浅，并及时调整取秧量和栽插深度。

第五节　手扶式插秧机维护和保养

一、日常维护保养

插秧机在日常工作中要及时维护和保养，如果您能做好，不但可以提高作业效率，还可以减少故障的发生及延长插秧机的使用寿命。可按照下面介绍的方法对插秧机进行正确的日常保养。

（1）发动机机油的更换。打开前机盖，旋开机油汁，松开放油螺栓，在热机状态下将机油排放干净。排放完毕后，上紧放油螺栓，加注新机油，机油加到机油汁上、下刻度线中间位置，每天必须检查发动机机油油量。第一次 20 小时更换，以后每隔 50 小时更换。

（2）齿轮箱油的更换。必须运转热机下才能放油。旋开注油塞，松开检油螺栓，松开放油螺栓放出齿轮油。排放干净后，拧紧放油螺栓。把机器放平后，再在注油口处加入干净的齿轮油，直到螺栓口处出油为止。齿轮油可每个作业期更换 1 次。

（3）驱动链轮箱的加油。把机体前端提高，松开侧浮板支架，取出油封，注入 300mL 齿轮油，装好油封，正确固定好侧浮板支架。

（4）插植部传动箱的加油。打开 3 个注油塞，每个注油口加注 1∶1 混合的黄油和机油约 0. 2L，每 3 ~5 天加入 1 次。

（5）侧支架和每个插植臂同样也要加入 0. 2 升 1∶1 混合的黄油和机油。每天加入 1 次。

（6）摇动曲柄销需要注入黄油，4 个摇动曲柄销的加油方法一致。

（7）新机器凡是有黄色标志的地方就要抹上黄油，尤其注意如下事项。①导轨滑块处；②棘轮处；③上导轨处；④油压阀

臂运转部；⑤主浮板支架连接处及油压仿形；⑥各黄色标志处。

（8）每天每天作业结束后应将插秧机用水清洗干净，以利于第二天作业。

（9）每天应该检查是否有螺栓松动或丢掉的，如有应当及时补充，防止影响其他部件的使用。

二、入库维修保养

如果机器长期不用，除了按照日常保养操作外，还应该进行以下的入库维修保养。

（1）发动机在中速运转状态下，用水清洗，应完全清除污物。清洗后不要立即停止运转，而要继续转 2 ~ 3 分钟（注意以免水进入空气滤清器内）。

（2）打开前机盖，关闭燃油滤清器，松开油管放油，排放完毕后安装好油管，松开汽化器的放油螺栓，应完全放出汽化器内的汽油，以免汽化器内氧化、生锈和堵塞。

（3）为了防止汽缸内壁和气门生锈，打开火花塞，往火花塞孔注入新机油 20ml 左右后，检查火花塞，如有积碳，用砂纸清除，将电极间隙调整在 0.6 ~ 0.7mm 即可，安装好火花塞，将启动器拉动 10 转左右；安装好前机罩。

（4）连接主离合器，缓慢的拉动反冲式启动器，并在有压缩感觉的位置停下来。

（5）为了延长插植臂内压弹簧的寿命，插植叉应放在最下面的位置（压出苗的状态）时保管。

（6）主离合器手柄和插植离合器手柄为“断开”，油压手柄“下降”、信号灯开关为“停止”状态下保管。

（7）清洗干净的插秧机应罩上机罩，并存放在灰尘、潮气少，无直射阳光的场所，防止风吹雨淋、阳光暴晒。

第四章　独轮乘坐式插秧机的使用

这里提到的独轮不是说这台插秧机只有一个轮胎，而是指插秧机的行走轮只有一个，在插秧机船板的下面还有 2 个尾轮，这两个尾轮在插秧机进入水田工作前要卸掉的，插秧时插秧机后面的重量全都由船板支撑。

第一节　独轮水稻插秧机的结构与原理

一、插秧机的结构

我们看到的这台 2Z－6300 型独轮乘坐式水稻插秧机（图4－1），外形尺寸长 2 410mm，宽 2 132mm，高 1 300mm。主要由动力系统、驾驶操作系统、动力传输系统、牵引装置、行走系统、工作总成等组成。

动力系统是整台插秧机的动力来源，主要就是这台柴油发动机，最大功率为 3. 68kW，5 马力，最大转速为 2 600r/min。

图 4－1　2Z－6300 型独轮乘坐式水稻插秧机

行走系统包括运输胶轮、尾轮和水田轮。运输胶轮和尾轮主要用于插秧机在田间行走。插秧机进入水田后就要换上水田轮了，水田轮为钢制叶片轮，在水田行走的时，附着效果好，不容易出现打滑现象。作业时还有卸下尾轮。

驾驶操作系统包括油门、方向盘、主离合器、定位分离离合器、挡位杆等。其主要作用是控制插秧机。

动力传输装置包括行走齿轮箱和动力输出轴。负责将发动机的动力传输给行走系统和插植系统。

牵引装置主要就是这个牵引架，起到将插植系统和前面的装置连接的作用。

工作总成主要由秧箱、工作传动箱、送秧机构和插秧机构组成。秧箱在插秧机工作时是用来放置秧苗的。送秧机构则是由横向送秧系统和纵向送秧系统组成。送秧机构的作用是确保每次送到秧门口处的秧苗，在调节好取苗量的基础上是等量的。而插秧机构的作用是将送到秧门处的秧苗取出，并插入大田中。

二、独轮乘坐式水稻插秧机的工作原理

插秧机的工作原理是，发动机动力通过传动轴传输到插植臂，插植臂运转带动秧针工作，把秧苗把秧苗插入地下，从而插秧完成。

第二节　独轮乘坐式水稻插秧机的组装与磨合

为了能够使插秧机达到预期的工作效果，必须正确的掌握插秧机的操作和施用方法。

一、插秧机的组装

新机器购买回来后，首先您要检查插秧机的包装是否完好，

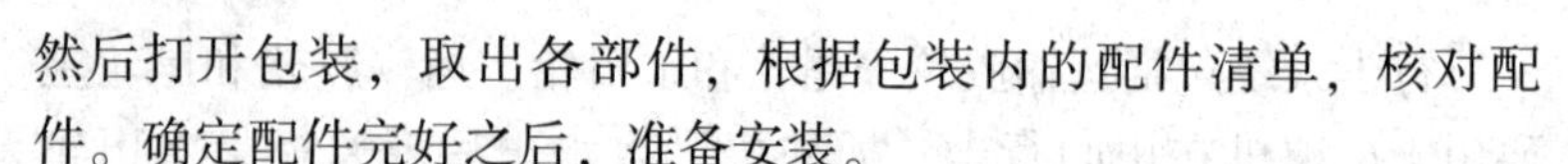

然后打开包装，取出各部件，根据包装内的配件清单，核对配件。确定配件完好之后，准备安装。

首先要将传动轴安装在行走传动箱上，安装时需要注意，要将传动轴贴有箭头的一侧与行走传动箱上接头刷有黄漆的一侧对好，这样才能保证插植臂停止时，秧针处于最高点，行走时不会损坏插植臂。

传动轴安装好后，下一步需要将牵引架和行走传动箱连接在一起，连接时需要将传动轴从牵引架中间穿过，然后将牵引架和行走传动箱用螺栓固定，紧固时需要先拧紧对角的螺栓。螺栓紧固后还需要将动力架安装在行走传动箱上，动力架是用来安装发动机的。

接下来需要安装行走轮了，把机器用支架支起来，将行走轮安装并固定好就可以了。行走轮安装好后，再把已经组装好的部分和插秧部分连接在一起。首先取下船板上的机架连接销销钉，将工作传动箱上的万向节方轴插入到传动轴里，同样也需要将传动轴带有箭头的一侧与工作传动箱上的万向节方轴标有黄漆的一侧对齐。然后再把牵引架连接销和机架连接销对齐，用销钉固定。

把尾轮装好以后，接下来就是安装发动机了。把发动机放在动力支架上，穿好固定螺栓，在紧固螺栓前还需要将三角装好，调整好皮带松紧后，把固定发动机用的螺栓紧固好。最后再将座椅和方向盘安装好，为了方便不同身高造作人员的操作，方向盘的角度是可以调节的，调节时只需要把方向盘固定把手松开，将方向盘调整到适合角度固定好就可以了。

到这里插秧机就组装完成了，下面我们就可以启动机器了。在启动之前，先要加注燃油和润滑油。打开油箱盖，向油箱内加注适量纯净的柴油，加油时，一定不能有明火，加注完成后盖好油箱盖。打开机油油箱盖，加入适量机油，加油加注到机油尺上下刻度之间就可以了。行走传动箱，工作传动箱也要加入机油润滑。链箱内也要加入机油。栽植臂内需要加入 1 ∶ 1 混合的黄油和机油。同时，传动齿轮，转向齿轮，秧箱支撑滚轮等需要润滑的部位，也要用黄油进行润滑。

现在您可以准备启动机器了，启动之前，将变速手柄放在空挡位置，离合手柄置于刹车位置，这里的离合手柄有 3 个位置，最前端为结合，中间为分离，最后端为刹车。定位分离手柄置于分离位置。将油门手柄向后调节到 1/2 处，将减压阀搬到泄压位置，快速摇动启动手柄，达到一定速度后迅速松开减压阀，这样插秧机就可以启动了。插秧机启动后，还需要对插秧机进行磨合。

二、独轮乘坐式水稻插秧机的磨合

插秧机磨合包括空转磨合、行走磨合和插秧系统磨合。所谓空转磨合也就是磨合发动机，启动插秧机后在原地对发动机进行磨合，空转磨合半个小时后就可以进行行走磨合了。将变速杆拨到行走挡，加大油门，缓慢结合离合器，插秧机就可以行走了，行走磨合大概需要 1 个小时左右。插秧系统磨合也就是插秧系统空转磨合。结合定位分离离合，插秧系统空运转，为了节省时间，也可以在行走磨合同时进行插秧系统磨合磨合，空转磨合大概需要 2 个小时。插秧机磨合完毕后，需要将各部位的润滑油放出，用柴油清洗后加注新的润滑油。现在插秧机就可以进行插秧作业了。

第三节　独轮乘坐式水稻插秧机作业方法

操作人员在作业前要熟读插秧机的使用说明书，仔细观看插秧机各部件粘贴的安全警示标志。

一、独轮乘坐式水稻插秧机准备工作

要保证插秧机获得满意的工作效率和工作质量，除了保证机器良好的技术状态和正确的使用外，还要保证田块和秧苗是适合插秧机的适用条件，否则，就会降低作业质量。首先要求田块相对平坦，耕深在13~15cm，田面上没有石块和杂物，最适宜的水深在2~4cm，如果田间有4m^{2}以上的田块露出水面或者水深超过4cm时不适合插秧机造作。另外，田块不能太硬，用脚踩下去，泥脚深度为10~30cm，这样的插秧条件是最合适的。田块准备好了，我们来看看什么样的秧苗才最适宜插秧机。

秧苗要求播种均匀，秧盘规格长58cm，宽28cm。秧盘土层均匀，形状整齐无残缺，土层内没有杂物，床土厚度2~3cm，盘根紧密。苗高10~20cm，秧苗粗壮不徒长，没有病害，长势均匀，没有过密或稀疏处。这样的秧苗才符合机插秧的要求。

二、独轮乘坐式水稻插秧机的作业方法

插秧机在每次作业前都要检查润滑油和各紧固件的紧固情况。将插秧机平放在平地上，静置一段时间后，取出润滑油油箱标尺，擦干净，插入润滑油箱后取出来，检查润滑油是否符合规定要求，若不足需添加。检查各连接件连接是否可靠，各紧固螺栓是否紧固，如有松动，要及时紧固。检查完毕就可以下田工作了。在下田之前还要换上水田轮，拧松轮胎紧固螺母，用支架将发动机支起了，卸下行走轮，换上水田轮并紧固好，最后卸下尾轮，现在插秧机就可以下田工作了。

插秧机下田要从田块的一角下田，插秧要选用插秧档12或14缓慢进入水田，进入水田后要根据地块形状选择起始位置，应该尽量减少空驶行程和人工补苗作业量，插秧机停在开始位置，插秧机的一侧距离田边应留出1.9m宽，插秧机秧们距离后

面田边也要留出 1.9m 宽。这里以最常见的长方形地块为例，向您提供一个插秧行走路线图。

开始装秧苗前，需要将秧箱移动到极限位置。下面我们就要向秧箱放置秧苗了，把培育秧苗用的秧盘取下来，将秧苗放入秧箱内。秧苗应装送到导轨的前沿位置，既不能留有空隙，又不能压在导轨上。所有准备好后就可以插秧了。

启动插秧机后，将挡位拨到 12 的位置，然后慢慢加大油门，结合离合器和定位分离器，插秧机就可以进行插秧作业了。

插秧机在首次作业时，可以先试插一段距离，检查一下秧苗插秧深度及取苗量是否合乎要求，然后再正式插秧。这里取苗量一般按照粳稻每穴 3 ~ 5 株进行操作。秧苗插入的深度为 2.6cm。株距是可以调节的，分为 12cm、14cm、17cm、19cm，这里选用的是 12cm，行距是固定的，为 30cm。检查确定符合农艺要求后就可以进入正常插秧作业了。

插秧机作业时要走直线，第一趟插秧机边与田边要保持 1.9m 宽，插秧机作业到地头，也就是已经插好的秧苗距离田边 1.9m 宽时，要先将定位分离手柄扳到“离”的位置，然后及时转向，与前一趟秧苗平行后继续插秧作业，待最后一趟插完后，还需要将预留没有插秧的田块边缘插好。

苗箱上的秧苗是有限的，当秧苗到达秧苗补给位置前就必须补给秧苗了。补加秧苗后 2 个秧片接头处要对齐、靠紧，不要有缝隙，同时，也不能重叠在一起。

整块田插好后，需要更换田块过田埂时也是有技巧的，插秧机到达田埂处时，一个人在侧前方拉动插秧机，另一个人在在插秧机右侧按下过埂起，使船板前方翘起来，插秧机通过田埂以后，把插秧机停放到合适的插秧位置，进行这一田块的插秧作业。

第四节　独轮乘坐式水稻插秧机的调整

插秧机在工作时，如何保证取苗量、株距和插秧的深度，是每一个用户所关心的问题。那么如何解决这些问题呢？下面我们就来看看如何调整吧。由于调整方法的需要，取秧量、插秧深度可以在水田里调整，其余调整全都需要将插秧机移到水田外调整。

一、取秧量的调节

插秧机取秧量的多少是可以调节的，用户可以根据当地农艺要求进行调整，调整方法为：松开摆杆固定在链箱后盖上的锁紧螺母，旋转调节手钮，顺时针旋转手钮取秧量减少，逆时针旋转取秧量则增加，调整到合适量后拧紧松开的锁紧螺母，并将其余五组分插机构也调整好，这里需要注意的是，调整好后，六组分插机构取苗量要一致。

二、插秧深度调节

根据不同地区不同的农艺要求，秧苗的栽植深浅也是可以调节的，如需调节，松开固定升降杆的钢丝，顺时针摇动插秧深度变浅，反之，则加深，达到所需要的深度后再用旋转固定钢丝卡住升降杆。

三、株距调节

插秧机的株距调节是通过改变变速手柄位置来实现的，您可以根据需要选择合适的档位。

四、秧针与秧门侧间隙调整

秧针秧门两侧的侧间隙适合的距离为1.25～1.75mm，插秧作业时应当每半天检查1次，如果间隙不合适时应作适当调整。调整时，需要松开曲柄上的夹紧螺栓轻轻敲击曲柄，使秧针与秧门两侧间隙均等，检查一下侧间隙是否符合标准，调整完毕后拧紧夹紧螺栓和螺母。

五、其他部分调整

插秧机使用一段时间后，除了上述部位需要调整外，还有几个部分需要进行适当调整。

三角皮带松紧以用手指在三角带中部位置可以压下1～2cm为合适，皮带的松紧可以通过改变发动机在动力架上位置来调节，拧松柴油机固定螺栓，按照三角皮带松紧程度前后调节发动机位置，调整合适后拧紧柴油机固定螺栓。

由于在使用插秧机时油门经常操作，油门拉线容易松动，所以，在使用一段时间后需要调整油门拉线，松开拉线锁紧螺栓，将油门拉线拉紧，然后紧固锁紧螺栓就可以了，搬动油门手柄，检查调整的是否合适。

定位分离器拉线的松紧程度直接关系到插秧机的插秧质量，如果拉线过松会导致分离不彻底，插植臂就无法停止工作。调节拉线上的调整螺母，使定位分离器手柄连接到“合”字位置时动力开始传递或插植臂开始运转，这一位置为最佳状态。

第五节　独轮乘坐式水稻维护与保养

插秧机在日常工作中要及时维护和保养，如果能做好维护和保养，不但可以提高作业效率，还可以减少故障的发生及延长插秧机的使用寿命。可按照下面介绍的方法对插秧机进行正确的日常保养。

（1）发动机机油的更换。打开机油油箱盖，松开放油螺栓，将机油排放干净。排放完毕后，上紧放油螺栓，加注新机油，机油加到机油尺上、下刻度线中间位置，每插秧3亩水田必须检查发动机机油油量。新机工作插秧3亩后更换1次机油，以后每插秧季更换1次机油。

（2）行走传动箱油的更换。松开放油螺栓放出润滑油。排放干净后，拧紧放油螺栓。再在注油口处加入干净的润滑油至规定位置。行走传动箱也是每插3亩水田检查润滑油油量，每插秧季更换1次润滑油。

（3）链箱、栽植臂润滑油的添加。链箱、栽植臂的润滑油要每插3亩就进行检查，不足时应添加。

（4）空气滤清器的清理。空气滤清器使用一段时间后也需要清理，取出滤芯，把滤芯上的灰尘去掉，装好后就使用了。

第五章　高速插秧机的使用

高速插秧机是具有高科技含量的机型，与步行式机型相比有舒适、高效率的优势，且有驾乘汽车的趋势。高速插秧机有4行、5行、6行、8行、10行等机型，行数越多，效率越高，但机器较笨重、价格偏高。一般使用6行机型，发动机在7~12马力，性价比较为适宜。现以洋马VP6高速插秧机为例，介绍其主要技术参数和操作使用方法。

第一节　洋马VP6高速插秧机

一、主要技术参数

洋马VP6高速插秧机的主要技术参数，如表5-1所示。

表5-1　洋马VP6高速插秧机的主要技术参数

名　称	洋马高速乘坐式插秧机
型　号	VP6
类　别	乘坐，6行
整机尺寸：长×宽×高（mm）	3 075×2 145×1 530
重量（kg）	560

（续表）

名称			洋马高速乘坐式插秧机
发动机	型号		GA401DERA
	型式		空冷四冲程倾斜式 OHV 汽油发动机
	总排气量（ml）		391
	功率/转速（KW {ps} /rpm）		7.7 {10.5} /3 600（最大 10.0 {14.0}）
	使用燃料/燃料箱容量（L）		汽车用无铅汽油（93#、97#）/20.0
	启动方式		电启动
行走部	驱动方式		四轮驱动
	转向方式		速度感应型动力方向盘
	车轮	前轮	实心轮胎 650（mm）
		后轮	橡胶凸耳轮 900（mm）
	变速挡数		前进 2、后退 1（HMT 无级变速）
插秧部	插秧方式		回转式
	秧苗传送方式/秧苗箱容量		
	行数/行距（cm）		6/30
	株距（cm）/每 3.3m² 穴数		22、18、16、14、12/50、60、70、80、90
	插秧深度（cm，可调节）		0.8～4.4/7 级
	1 穴株数调节方法	横送（mm/次）	
		纵送（mm）	18，20，24（可调 3 挡）/8～17
秧苗装载数（预备数）（箱）			18（6）
插秧速度（滑脱率 10%）（m/秒）			0～1.43
作业效率（亩/小时）			4～9

二、插秧机各部分名称

插秧机各部分名称，见图 5－1（1～2）、图 5－2（1～2）。

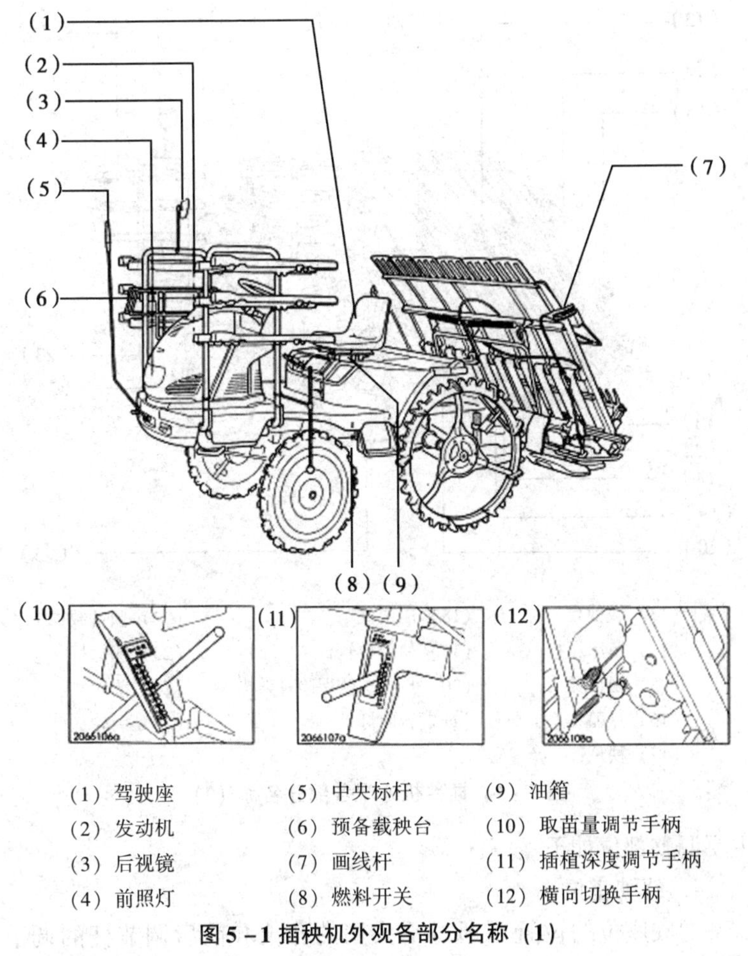

(1) 驾驶座　　(5) 中央标杆　　(9) 油箱
(2) 发动机　　(6) 预备载秧台　　(10) 取苗量调节手柄
(3) 后视镜　　(7) 画线杆　　(11) 插植深度调节手柄
(4) 前照灯　　(8) 燃料开关　　(12) 横向切换手柄

图 5-1 插秧机外观各部分名称（1）

三、高速插秧机主要部件的调整

高速插秧机自动化程度高，但仍需进行必要的检查和调整，保持插秧机良好的性能，并使驾驶更为舒适。洋马 VP6 插秧机

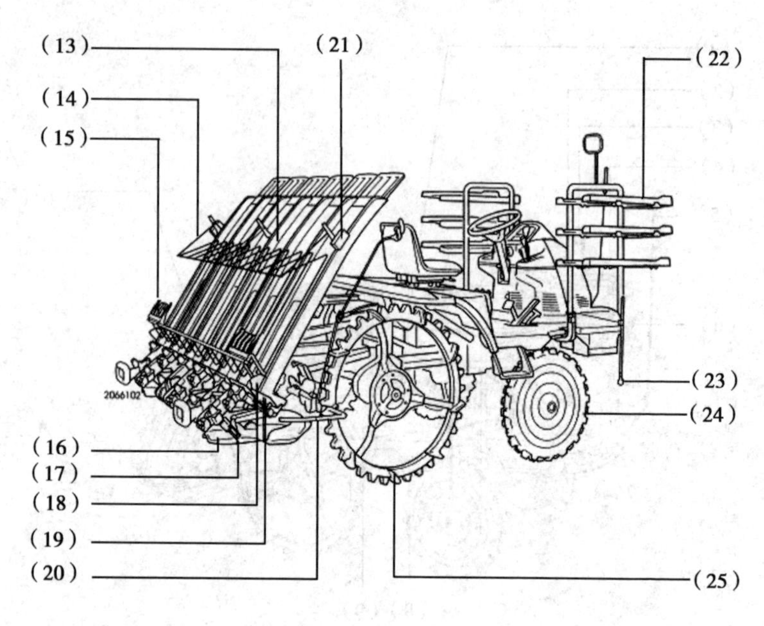

(13) 载秧台　(14) 苗床压杆　(15) 阻苗器　(16) 浮船　(17) 秧爪　(18) 压苗棒　(19) 秧门导轨台　(20) 折叠式侧保险杆兼支架　(21) 转向灯　(22) 预备载秧　(23) 侧标杆　(24) 前轮　(25) 后轮

图 5－1　插秧机外观各部分名称（2）

主要调整部位如下。

1. 驾驶座位

驾驶座位的位置可通过平头销的孔位和前后调节杆的调节进行。

(1) 用平头销调节。拆下开口销，拔出平头销，移动驾驶座位到合适位置，再插入平头销，用开口销固定。

(2) 用前后调节杆调节。拉起前后调节杆，前后调节驾驶

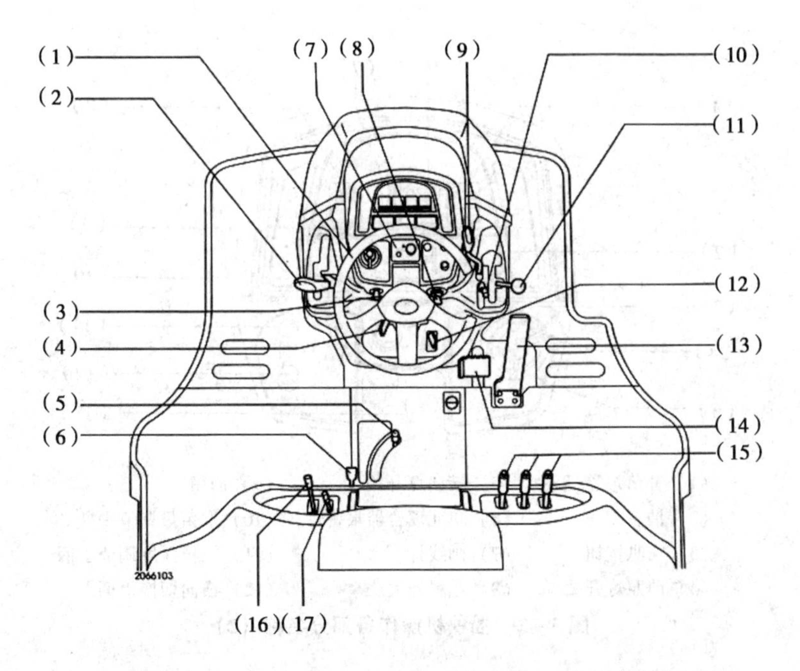

(1) 方向盘	(7) Nicety UFO 操作开关	(12) 刹车锁止手柄
(2) 主变速手柄	(8) 钥匙开关	(13) 变速踏板
(3) 风门手柄	(9) 速度固定手柄	(14) 刹车踏板
(4) 方向盘倾斜手柄	(10) 油门手柄	(15) 单元离合器
(5) 株数变速手柄	(11) 插植手柄	(16) 油压感度手柄
(6) 差速锁止踏板（前轮）		(17) 油压锁止手柄

图 5－2　插秧机操作各部分名称（1）

座位到合适位置，松开前后调节杆，驾驶座位即被固定。

2. 变速踏板角度

变速踏板的角度可通过平头销进行 2 挡调节。

拆下开口销，拔出平头销，改变变速踏板角度，插入平头销，用开口销固定。

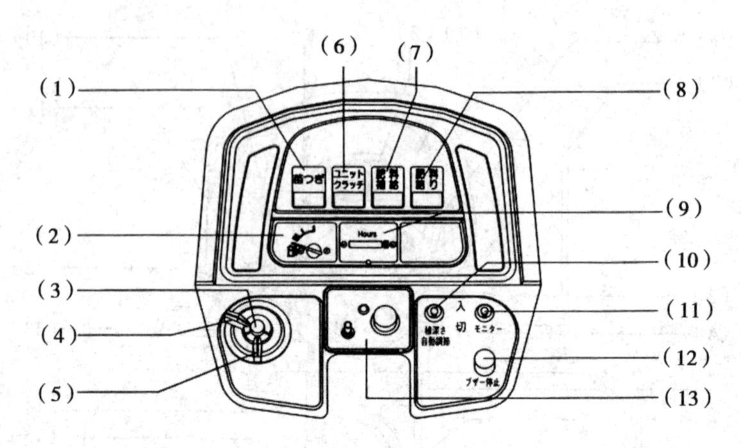

(1) 补苗报警灯　(5) 转向灯开关　(9) 油箱
(2) 油量表　(6) 单元离合器报警灯　(10) 取苗量调节手柄
(3) 喇叭按钮　(7) 画线杆　(11) 插植深度调节手柄
(4) 前照灯开关　(8) 燃料开关　(12) 横向切换手柄

图 5－2　插秧机操作各部分名称（2）

3. 方向盘位置

方向盘位置可通过方向盘倾斜调节手柄进行 2 挡调节。

把方向盘倾斜调节手柄置于［解除］位置，同时，把方向盘调节到便于操作的角度，将方向盘倾斜调节手柄回到［锁定］位置，即可固定方向盘。

4. 秧门导轨与秧爪间隙

将载秧台移至中央，把秧规固定在取苗口上，用手转动回转箱，确认秧爪头部对准秧规上的刻线。如需调节，松开回转箱的固定螺母，轻轻敲击螺栓端面，松开锥形销，左右晃动回转箱，把秧爪头部对准秧规上的刻线，然后旋入、紧固回转箱固定螺母。

注意：手动转动回转箱请关闭发动机，单人操作，慢速进

行。主变速手柄置于［补苗］位置，插植手柄置于［合］位置。

5. 推杆与秧爪间隙

用手转动回转箱，确认当推杆位于秧爪的头部时，推杆与秧爪的间隙为0.1～0.6mm。如需调整，拆下秧爪支架的安装螺栓，将附属垫片（0.2mm）放入秧爪与秧爪安装座之间，安原样安装好秧爪支架，再次确认推杆与秧爪之间的间隙。

6. 秧爪的检查与更换

秧爪磨损超过3～3.5mm以上，会出现插好的苗姿势凌乱及浮苗现象，必须更换秧爪。方法是拆下秧爪支架螺栓，取下秧爪支架、垫片和秧爪，更换新秧爪，按原样装好。

注意：更换新秧爪后，取苗量与实际取苗量会不符，要检查并调节纵向取苗量。

7. 纵向取苗量的设定

秧台移至中央，把纵向取苗量调节手柄置于［中］位置，秧规放在取苗口上，用手转动回转箱，确认秧爪的顶端对准秧规上的［中］位置。如需调整，松开插植臂上的固定螺栓M8×30（2只），把压紧秧爪的间隙移至上方，同时用起子调节螺栓，使秧爪的顶端对准秧规上的［中］位置，然后紧固螺栓。

8. 阻苗器

使用阻苗器时，先把苗床移向上方，把阻苗器置于固定位置后便可停止供苗。解除阻苗器时请切实嵌入苗床压杆。

9. 苗床压杆

根据苗的状态及苗床的厚度，用苗床锁定杆与蝶形螺栓上下滑动苗床压杆进行调节。一般苗床压杆固定在离苗床表面约1～1.5cm处。

10. 压苗棒

根据苗高、秧苗状态及插植姿势等，卸下开口销，拔出压苗棒，调整到适合高度。一般压苗棒固定在苗高约一半处，若苗软弱徒长，叶尖下垂，请将压苗棒抬高些，以防叶尖碰到秧爪。秧苗较短（12cm 以下）时，把压苗棒固定在最低处。

第二节　高速插秧机驾驶方法

一、运转前检查

（1）查看油量表，看燃料量是否充足。卸下前、后罩盖和前底板，确认燃料管路有无老化或损伤，连接卡箍是否松动，以及燃料是否泄漏。按需补充燃料及修理更换燃料管。

注意：补充燃料时，请不要抽烟或用明火照明。补充完燃料后，要盖紧盖子，擦去溢出的燃料，避免引起火灾。

（2）卸下机罩，检查发动机机油面是否位于检油尺的上下限刻线之间，同时，检查有无漏油。若油不足，请补充油。补充完油后，按原样装好加油口盖子。

更换油要先拧开发动机左侧下方的放油螺栓，将废油放尽后，按原样装好螺栓，再加入新油。

（3）检查清洗空气滤净器。松开固定空气滤净器搭扣（3处），拆下空气滤净器上部的蝶形螺钉，取出内部滤芯，拆下海绵和内侧过滤纸，抖落附在滤纸上面的灰尘，海绵用煤油或汽油清洗干净，挤干后待完全干燥后再安装。

（4）确认电气线路导线是否与其他零部件碰，导线表皮有无破损，连接部是否松动。作业前，请清除附着在蓄电池及电气线路导线上的垃圾，防止引起火灾。

（5）检查轮胎有无损伤、磨损，皮带有无损伤，各部有无变形、损伤、污迹，螺栓松动，秧爪是否已磨损。

注意：检查过后，务必要将拆卸下的机罩按原样安装好。

（6）感觉一下驾驶座位是否舒适，变速踏板的安装角度和

方向盘的前后角度是否合适。如不合适，可进行调整。

(7) 发动发动机，检查启动后有无异常，尾气颜色是否正常（无色或淡青色），灯、各操作手柄的动作状态是否正常。慢速起步，检查刹车、主变速手柄、变速踏板的动作是否正常。

二、发动机启动·停止方法

(1) 启动前准备。启动发动机时，务请坐在驾驶座位上，挂上刹车锁止，确认燃料开关置于［运转］位置，主变速手柄位于［补苗］位置，插植手柄位于［中立］位置，油门手柄置于［作业］侧［低速］侧的中间位置，拉出风门手柄。

(2) 发动机启动。插入钥匙，拨至［入］位置，将刹车踏板踩到底，然后把钥匙开关转至［启动］位置，发动机启动。发动机启动后，手离开钥匙开关，钥匙开关自动回至［入］位置（此时，若载秧台上无苗，补苗报警蜂鸣器会鸣响）。边观察发动机的运转状态，边推入风门手柄。

注意：

①除发动机启动外，请不要使用风门。当发动机尚处于温热状时，请不要使用风门。

②请不要把钥匙开关置于［启动］位置10秒以上。如果连续启动超过10秒仍不启动时，请把钥匙开关置于［切］位置，待蓄电池休息1分钟以后再启动。

③发动机运转期间，绝对不要把钥匙开关置于［启动］位置，否则启动电机会损坏。

(3) 发动机停止。把主变速手柄位于［补苗］位置，插植手柄位于［中立］位置，油门手柄置于［低速］位置，钥匙开关置于［切］位置，发动机停止。

三、起步·变速·停车方法

(1) 起步方法。启动发动机，把油门手柄置于［作业］位置，插植手柄置于［上］位置，把插植部升至最高位置后再置于［中立］位置，油压锁止手柄置于［锁止］位置，主变速手柄置于与作业相适宜的位置，解除刹车锁止，缓慢踩入变速踏板后，插秧机起步。

(2) 变速方法。后退时请确认后方的安全，从变速踏板上挪开脚，踩入刹车踏板，将机身停下，用主变速手柄进行变速。若在坡道中需要变速时，请将刹车踏板踩到底，并挂上刹车锁止。此外，请把主变速手柄置于［中立］或［补苗］位置。否则，插秧机会滑动引起事故。

注意：变速时，请确认机身已停止后再进行。若在尚未停止的状态下进行变速，可能会使机器损坏。

(3) 转弯方法。从变速踏板上慢慢松开，进行减速，转动方向盘转弯。请不要在高速移动时急转弯，会导致翻倒或翻落事故。

(4) 停车方法。从变速踏板上挪开脚，踩入刹车踏板，停止机身。油门手柄置于［低速］位置，主变速手柄置于［补苗］位置，关闭发动机。确认机体已停下，挂上刹车锁止，从钥匙开关上拔下钥匙。

注意：停车时，请停在平坦且安全的场所。停在倾斜地上时，请把主变速手柄置于［前进］或［后退］位置，把插植部降至地面，挂上锁止刹车，并务必加上车轮制动器。

四、移动行走方法

(1) 把机身调整至可行走状态。中央标杆转向后方，侧标杆转向前方，画线杆钩在挂钩里固定好。把主变速手柄置于［补

苗］位置，启动发动机，插植手柄置于［上］位置，将插秧装置完全提起，把油压锁止手柄置于“锁止”位置。

(2) 把载秧台置于机身中央。启动发动机，挂上刹车锁止，把主变速手柄置于［中立］位置，油门手柄置于［低速］位置，插植手柄置于［合］位置，缓慢踩入变速踏板，插植部开始转动，载秧台左移或右移，当载秧台移到机身中央时，把脚从变速踏板上移开。

(3) 起步和行走。主变速手柄置于［前进］或［移动］位置，解除刹车锁止（轻踩刹车踏板，刹车锁止手柄从［锁定］位置回到［解除］位置）。把油门手柄置于［作业］位置，充分确认周围的安全，同时慢慢踩下变速踏板，插秧机便缓速起步，通过变速踏板的踩入量控制行走速度。

注意：本插秧机不符合道路运输车辆法规，故根据法令不能行驶在公路上。若要在公路上移动时，请装在卡车上搬运。

第三节 高速插秧机作业方法

一、机器的准备调整

1. 插植穴数的调节

插植穴的调节请用位于底板衬垫下面的株数变速手柄。把主变速手柄置于［中立］位置，插植手柄置于［中立］位置。启动发动机，把发动机转速调至［低速］，轻踩变速踏板，把速度固定手柄置于［固定］位置，在此状态下调节株数变速手柄，关闭发动机。如表 5－2、表 5－3，图 5－3、5－4 所示。

表5-2　标准规格插植穴数一览表

穴数变速	50	60	70	80	90
插植密度（穴/3.3m^2）	50	60	70	80	90
插植株距（cm）	22	18	16	14	12

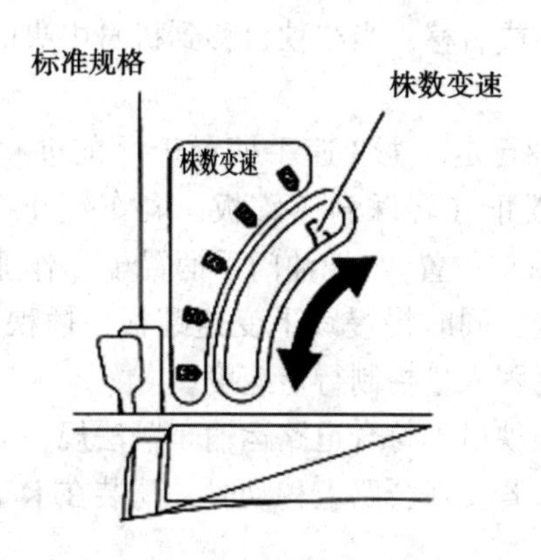

图5-3　标准规格插植穴数调节

表5-3　疏植规格插植穴数一览表

穴数变速	40	45	50	60	65
插植密度（穴/3.3m^2）	40	45	50	60	65
插植株距（cm）	28	24	22	18	17

2. 插植深度的调节

请根据水田及苗的条件适当调节插植深度。请把插植深度调节置于［4］位置后开始作业，前进4～5m后，确认插植深度，若需要再作调整。若把插植深度调节手柄置于“浅”位置，插植深度变浅，置于“深”位置则变深。

插植深度自动调节在插植深度自动调节开关处于［入］位置上，若把插植手柄置于［合］位置，速度感应型深度插植自

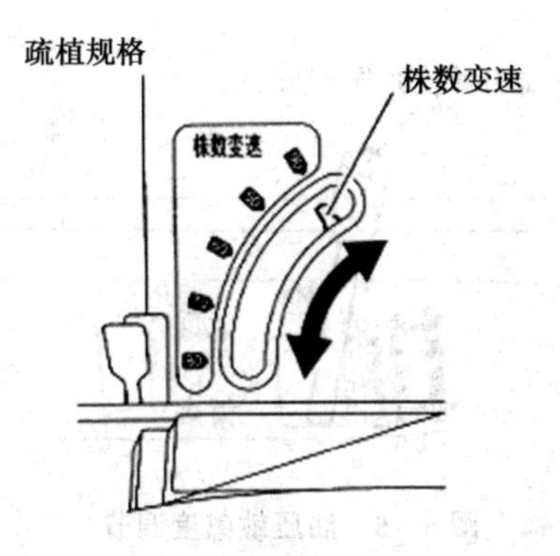

图 5－4　疏植规格插植穴数调节

动调节机构即动作，使插植深度保护一定。田块中的水极少时，浮力无法对浮子起作用，有时会导致深插情况。此时，请将插植深度自动调节开关置于［切］位置，停止自动调节机构。

注意：

①调节插植深度时，请升起插植部后进行。

②在把插植手柄置于“合”位置上进行作业时，请不要在途中把插植深度自动调节开关置于“切”位置。若在自动调节机构起作用的状态下断开开关，则会保持在深插状态。

3. 液压敏感度

根据水田的软硬程序，通过油压感度调节手柄调节灵敏度，使浮船适度地接触地面。

油压敏感度调节值，见表 5－4，图5－5。

表 5－4　油压敏感度调节值

水田状态	杆位置
水田偏软（浮船陷入泥中）	“软田”侧
出厂状态	中
水田偏硬（浮船浮起，不触及地面）	“硬田”侧

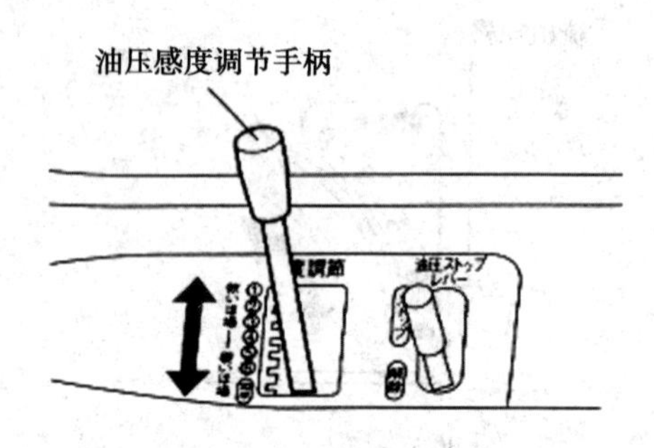

图 5－5　油压敏感度调节

注意：若把油压感度置于“软田”侧，插植深度会变浅，拨至“硬田”侧会变深，故请同时调节插植深度调节手柄。

4. 纵向取苗量的调节

根据秧苗的条件，用纵向取秧量调节手柄调节苗的单穴株数。调节范围可在 8～17mm 进行 10 个档次的调节。本调节请与后述的“横向切换的调节方法”配合使用，如图 5－6 所示。

5. 横向切换的调节

根据秧苗的条件，通过载秧台的横向送秧量调节每穴的取苗量。推或拉横向切换手柄，可切换横向送秧量，横向送秧量的切换无论载秧台处于什么位置均可进行。

6. 压苗棒和苗床压杆的调节

请根据苗高及插植姿势调节压苗棒与苗床压杆。一般把压苗棒固定在苗高的约一半之处，若苗属于软弱徒长苗，叶尖下垂时，请将压苗棒抬高些，以防止叶尖碰到秧瓜。秧苗较短（约 12cm 以下）时，请将压苗棒固定在最低处。苗床压杆的标准固定位置是离苗床 1～1.5cm，当叶子缠绕在一起，苗不易滑动时，请把苗床杆销抬高些。

注意：调节压苗棒和苗床压杆时，务请关闭发动机，把油压锁止手柄置于［锁止］位置后进行。否则，插植部突然动作，

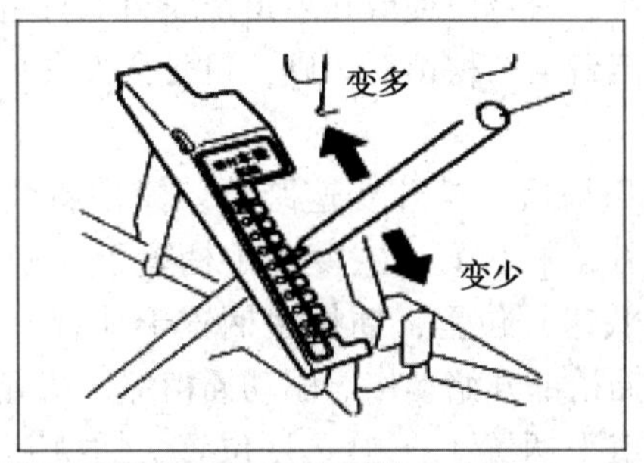

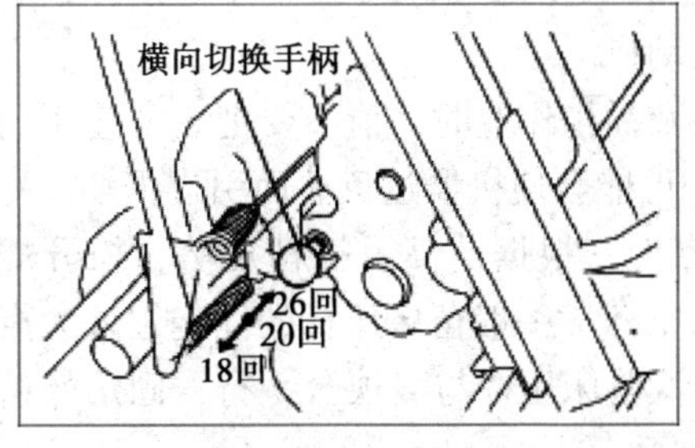

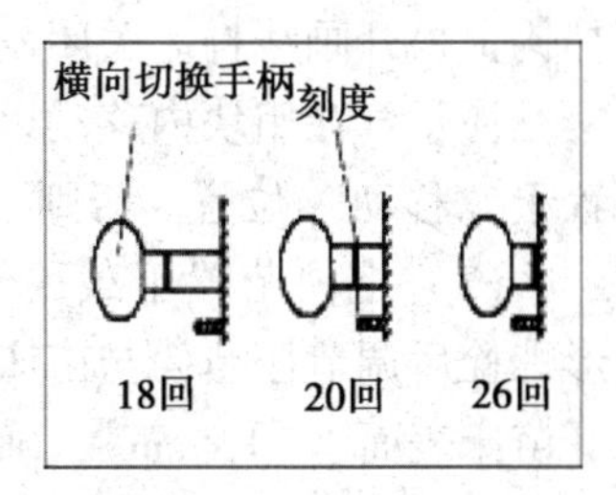

图5－6　横向切换手柄调节

会引起人身伤害事故。

二、进出田块

(1) 启动发动机，插植手柄置于［上］位置，插植部升到高处，油压锁止手柄置于［锁止］位置。主变速手柄置于［前进］或［后退］位置，油门手柄置于［作业］位置，插植手柄置于［中立］位置。稍稍踩下变速踏板，以最慢速度进行。出入水田时要踩下差速锁止踏板，出入时要与田埂成直角。

注意：

①进入田块前，请先查看油量表，确认油量是否充足。

②田埂与田块的台阶较高时，请使用跳板，下坡时用“前进”，上坡时用“后退”进行。

③出入田块、跨越田埂或在坡道及农道上行走时，请卸下载秧台与预备载苗台上的秧苗。否则，机身会失去平衡而导致翻倒事故。

（2）进入田块后，松开变速踏板，停止插秧机，把主要变速手柄置于［补苗］位置，主变速手柄置于［中立］位置，油门手柄置于［低速］位置，插植手柄置于［合］位置，稍微踩下变速踏板，插植部开始动作。驱动插植部，使载秧台移至右端或左端，把插植手柄置于［中立］位置，插植部停止工作，从挂钩上松开画线杆。关闭发动机。

注意：在田块内移动以及插植作业时，请不要把主变速手柄置于“移动”位置。否则，可能会使机器过负荷而引进损坏。

（3）把秧苗置于载秧台上，根据苗高及插植姿势，松开蝶形螺栓后调节压苗棒与苗床压杆（一般苗床压杆的固定位置为离开苗床表面1～1.5cm），确认苗床压杆与载秧台平行，固定好苗床压杆与压苗棒。

（4）把油压锁止手柄置于［解除］位置，插植手柄置于［下］位置，降下插植部。事先把备用秧苗置于预备载秧台上，放置时要确保左右备用预备载秧台的平衡。把中央标杆和侧标杆固定在易于驾驶员看得到的位置上。

三、田间作业

（1）把油压感应调节手柄置于［3］位置，插植深度调节手柄置于［4］位置，取苗量调节手柄置于［中］位置，横向切换手柄调节至所需的横向送秧量。启动发动机。把监视器开关及插植深度自动调节开关置于［入］位置（若补苗蜂鸣器响，则说明载秧台的苗床压杆尚未调节好，请确认苗床压杆）。

（2）把油门置于［作业］位置，提高发动机转速，主要变速手柄置于［前进］位置，插植手柄置于［合］位置后，再置

于［右］或［左］标杆处，放倒所需的画线杆。慢慢踩下变速踏板，机器起步，开始插植。前进4～5m后，停下机身，确认插植穴数、油压感度、插植深度、每穴株数是否符合要求。

（3）作业状态稳定后，把速度固定手柄拉至［固定］位置，脚从变速踏板上挪开，便可固定在刚才的速度上。若把速度固定手柄倒向前方，或轻轻踩下变速踏板或刹车踏板，便可解除速度固定。

四、转弯换行

1. 先后退再转弯

接近田埂时，减慢速度，在前轮即将碰及田埂前，把脚从变速踏板上挪开，踩下刹车踏板。把主变速手柄置于［后退］位置，插植部自动升起，慢慢踩下变速踏板，笔直后退至能转弯的位置。把主变速手柄置于［前进］位置，踩下变速踏板同时转动方向盘，避免插秧机撞到田埂。同侧标杆对准相邻行，将机身调直。把插植手柄置于［下］位置，降下插植部。插植开始时，用插植手柄放下划线杆（此时处于插植［合］位置，踩下变速踏板后，插植部即转动）。再往下踩变速踏板，继续作业。

注意：请不要让前轮冲上水田埂后再停止。齿轮的卡滞会使主变速手柄操作会变得沉重。

2. 不后退就转弯

接近田埂后，减慢速度。把插植手柄置于［上］位置，升降起插植部，踩变速踏板，同时转动方向盘转弯。用侧标杆与中央标杆对准相邻行间，将机身调直对准前进方向。把插植手柄置于［下］位置，降下插植部。调整好位置，用插植手柄放下划线杆。然后踩变速踏板，继续作业。

五、田埂边的插植方法

作业方法因水田的大小及形状而定，故开始作业，先要考虑好按何种顺序作业。田边多留一点便于转弯，接近田埂边后，就要考虑剩下的行数，在倒数第二回合调整好（请根据苗的条件，配套使用单元离合器和阻苗器），以便在最后回合时能插植所有的行，如图 5 –7 所示。

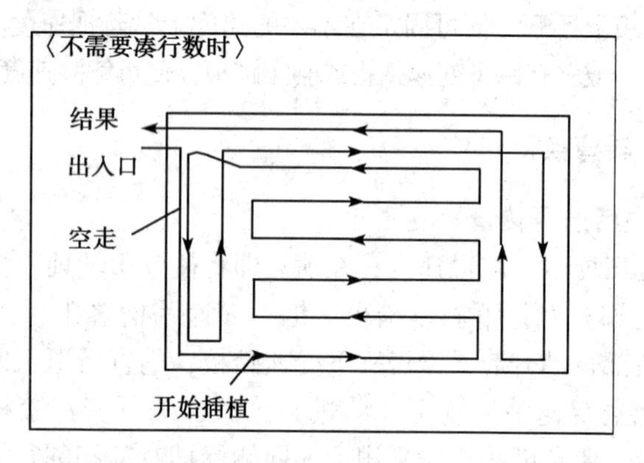

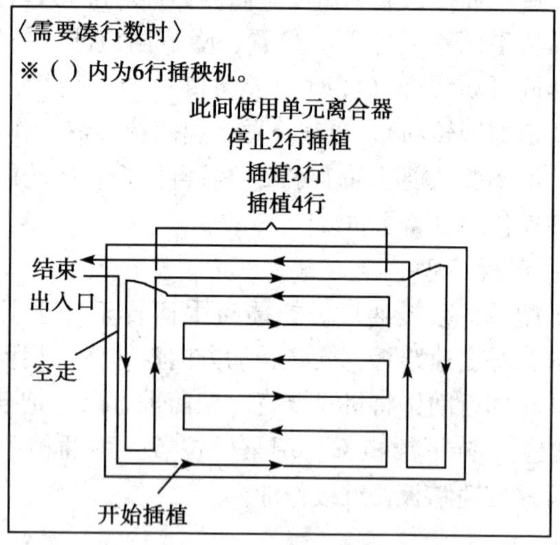

图 5 –7　行走路线

六、秧苗补给

(1) 载秧台上的秧苗逐渐减少，到了需补充苗的位置时，蜂鸣器鸣叫。请按下蜂鸣器停止开关，蜂鸣器即停止鸣响。从变速踏板上挪开脚，踩下刹车踏板，停下插秧机，降低发动机转速，把主变速手柄置于［补苗］位置。把苗补给需要的行后，将主变速手柄从［补苗］位置切换至［前进］位置，慢慢踩下变速踏板，机器起步，便可重新开始作业。

(2) 去除残余的秧苗，装上新的秧苗时，请将载秧台移动至机器右端或左端，按初始补给要领装秧。

注意：插植部补苗后，请把插植手柄置于［合］位置后，再把主变速手柄置于［前进］位置。另外，因画线杆也已升起，故请重新放下。

七、Nicety UF0 装置的基本使用方法

Nicety UF0 装置表盘，见图 5－8 所示。

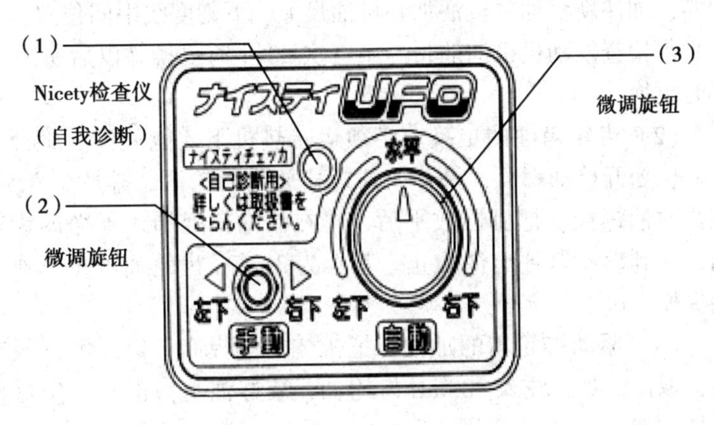

图 5－8　Nicety UF0 装置表盘

（1）通常的插秧作业时，请把微调旋钮拨至［水平］位置。插植手柄位于［下］位置至［合］位置的范围内时，UF0 装置会动作。

（2）作业时，插植部稍许呈左倾或右倾状时，把微调旋钮转至［左下］或转至［右下］处，将插植部调节至与水田水平。

注意：插植手柄处于［中立］位置或［上］位置时，通过手动可倾斜插植部。在检修插植部等时使用会带来很大方便。

第四节　高速插秧机的维护与保养

一、日常保养

（1）发动机机油的更换。打开前机盖，旋开机油尺，松开放油螺栓，在热机状态将机油排放干净。排放完毕后，上紧放油螺栓，加注新机油，机油加到机油尺上、下刻度线中间位置，每天必须检查发动机机油油量。第一次 20 小时更换，以后每隔 50 小时更换。

（2）齿轮箱油的更换。必须运转热机下才能放油。旋开注油塞，松开检油螺栓，松开放油螺栓放出齿轮油。排放干净后，拧紧放油螺栓。把机器放平后，再在注油口处加入干净的齿轮油，直到螺栓口处出油为止。基本为 3. 5L。齿轮油可每个作业期更换 1 次。

（3）驱动链轮箱的加油：把机体前端提高，松开侧浮板支架，取出油封，注入 300mL 齿轮油，装好油封，正确固定好侧浮板支架。

（4）插植部传动箱的加油：打开 3 个注油塞，每个注油口加

注 1∶1 混合的黄油和机油约 0.2L，每 3 ~5 天加入 1 次。

(5) 侧支架和每个插植臂同样也要加入 0.2L1∶1 混合的黄油和机油。每天加入 1 次。

(6) 摇动曲柄销需要注入黄油，4 个摇动曲柄销的加油方法一致。

(7) 新机器凡是有黄色标志的地方就要抹上黄油，尤其注意的是：①导轨滑块处；②棘轮处；③上导轨处；④油压阀臂运转部；⑤主浮板支架连接处及油压仿形；⑥各黄色标志处。

(8) 每天作业结束后应将插秧机用水清洗干净，以利于第二天作业。

(9) 每天应该检查是否有螺栓松动或丢掉的，如有应当及时补充，防止影响其他部件的使用。

二、长期存放的保养

1. 外观部分

(1) 各部分是否冲洗干净，各损坏部件是否更换。

(2) 有无生锈，各活动部件是否锈蚀，影响正常作业。

(3) 各注油处是否注油（黄油、机油等），各拉线钢丝是否注油。

(4) 各调整螺栓是否能调节自如。

2. 发动机部分

(1) 空气滤清器是否通畅，海绵是否干净。

(2) 汽油是否放净（包括汽化器、燃油过滤器等），燃油旋扭关闭。

(3) 曲轴箱齿轮油是否更换，齿轮油是否清洁。

(4) 缓慢拉动反冲启动器拉绳几下，是否转动正常，有无压缩感。

3. 液压部分

（1）检查液压皮带（一级皮带）磨损程度。

（2）液压油是否充足，清洁。

（3）液压部分活动件是否灵活，注油处是否注油。

（4）液压仿形的中浮板动作是否灵敏。

4. 插植部分

（1）插植传动箱、插植臂、侧边链条箱是否加注黄油、机油。

（2）插植臂是否正常运转。

（3）秧针与秧门间隙是否正确，纵向取苗量调整是否正常。

（4）导轨是否注黄油，五个秧箱滑块是否磨损严重。

（5）纵向送秧是否活动正常，送秧星轮转动是否正常。

（6）株距、横向取苗量、插深调整手柄，调整是否正常，是否注油。

5. 行驶部分

（1）变速杆调节是否可靠；行走轮运转是否正常。

（2）左右转向拉线是否注油。

6. 其他

（1）是否停入机库，有无防尘罩遮盖，不和肥料等腐蚀物接触。

（2）各零配件和工具是否完全，与插秧机一起保管。

第六章 几种典型水稻插秧机常见故障与维修

第一节 2ZS－4型手扶式插秧机的常见故障与维修

常发2ZS－4型手扶步进式插秧机是江苏常发集团常州常发农业装备有限公司研制的新一代高性能插秧机。近几年来，在赣南丘陵山区得到逐步推广应用，群众普遍反映使用效果不错。该机体积小，结构紧凑，橡胶轮爪式驱动轮，整机长256cm，宽148cm，重172kg；新型OHV发动机，倾斜式机体，重心低，振动小，低燃料消耗，加速快，储备功率大；操作便捷、准确，插秧2～3亩/小时；适合于多种水田，操作极为简便。在使用插秧机的过程中，由于零部件的磨损、变形或使用和技术保养不当等原因，会引起各部件的性能状态发生改变。当某些技术指标超出允许限度，就表明插秧机有了故障。常见的插秧机故障集中在发动机、行走部、插植部等部位。现就其常见故障简单分析如下。

一、发动机部分

在行驶或作业中有异常时，务必将发动机停止，并将机器停放在宽敞平坦的场所，在发动机运转的情况下进行检查调整。检查及调整发动机时，注意要在发动机及消声器的温度下降后进行。主要有以下故障。

1. 发动机无法启动或启动困难

其故障原因及排除措施：一是缺燃料汽油，应加足燃料汽油；二是启动操作失误，按正常的启动顺序启动即可；三是空气滤清器堵塞，应对空气滤芯进行清理或更换滤芯；四是火花塞潮湿，应取出火花塞晾干；五是燃油过滤器进水或堵塞，拆出清理即可；六是火花塞无法点火或很弱，可清理夹在火花塞中的积碳，调整电极之间的间距为0.7～0.8mm或更换火花塞。

2. 发动机出现负荷加载后熄火现象

其故障原因及排除措施：一是发动机转速不稳定，需要检查油门拉线的安装是否松动，应进行拧紧；二是发动机机油量不足，应补充机油到规定用量或更换新机油；三是滤芯堵塞，应清理或更换滤芯；四是反冲式启动器吸器口堵塞，进行清理即可；五是发动机无压缩，检查活塞环是否磨损并进行更换。

二、行走部分

1. 主离合器连接后无法行走

其故障原因及排除措施：一是离合器断开与接合不灵活，可调整行走皮带张紧度、调整相应拉线；二是未挂上挡，将主离合器切断，重新操作并调整变速杆。

2. 机器无法上升或下降

其故障原因及排除措施：一是皮带松动，可调整液压皮带张紧度；二是液压油量较少，补充液压油到规定用量；三是液压油量磨合后没有及时进行更换，应更换液压油；四是拉线没有调整好，应重新调整液压拉线。

3. 操作侧离合器手柄转向性能差

主要是侧离合器手柄的间隙过大，可将调整侧离合器拉线使手柄间隙在0.5～1.5mm。

三、插秧作业部分

1. 苗箱不能左右移动

其原因及排除措施：横移送齿轮啮合不良，需调整横移送拨叉。

2. 插秧离合器连接后不能插秧

其原因及排除措施：一是拉线没有调整好，应调整插秧离合器拉线；二是穴距调节手柄不在档位上，应重新调整穴距调节手柄。

3. 插植部停止且有异响

其原因及排除措施：插植臂中有异物或异常负荷、安全离合器动作，应将主离合器手柄、插秧离合器手柄放在断开位置，并停止发动机，取出异物。

4. 支架内部有异响

其原因及排除措施：链条张紧装置松动，将链条张紧装置进行调整即可。

5. 在栽插作业中，出现漏插现象

其原因及排除措施：一是推秧器、秧爪配合不良，应调整推秧器和秧爪间隙；二是推秧器、秧爪变形，需更换推秧器和秧爪；三是推秧器和秧爪上有稻草等异物，应清理异物，重新调整间隙；四是秧苗播种成苗不均匀或播种量少，可通过调整模取苗量，纵取苗以增加取苗量；五是送苗的状态不好，如秧块过宽、取苗器压住秧苗、秧块太干等，可通过减小秧块的宽度、提高压苗器的位置、秧块补水等进行补救。

6. 在栽插作业中，出现漂秧现象

其原因及排除措施：一是秧块太干，可通过洒水湿润秧块补救；二是田块太硬，应注意栽插，整田后沉淀的时间不要太长；三是插秧深度浅，应查看秧苗高度，确定秧苗种类，调整插秧深度；四是秧爪不能正确取秧，需要更换秧块，不使用盘根不好的秧块；五是秧爪带秧，一方面应保持水深在 1 ~ 2cm；另一方面注意秧针与推秧器间隙。

7. 机械作业时各行取苗量不一致

其原因及排除措施：一是插植臂、秧爪的安装位置不对，需调整插植臂秧爪；二是秧块宽窄不一致，需采取措施调整秧块宽度。

8. 机械作业插秧姿势不良

其原因及排除措施：一是苗块的土太干，需用水将苗块的土打湿；二是插秧深度太浅，需重新调整插秧深度；三是秧苗根部盘根不好，应更换秧块或降低作业速度；四是取苗量少，应适当增加取苗量；五是秧爪、推秧器被泥浆、稻草等杂物堵塞，应清理秧爪和推秧器。

9. 出现断秧现象

其原因及排除措施：一是装秧不细心，应及时补给秧苗，细心操作；二是在栽插作业中，出现变形，需调整、更换压苗器；三是纵取苗量过多，可减少取苗量，将纵取苗调节手柄向“少”的方向调节；四是压苗器的位置不正确，需调整压苗器（压苗器与苗箱平行）。

10. 作业时秧块拱起

其原因及排除措施：一是秧块土层太薄，需更换秧块，使用土层厚度在 2.0 ~ 2.5cm 的秧块或将压苗器向下进行调整；二是秧块太湿，应在起秧前 1 ~ 2 天排水控水，以方便栽插，否则只有将压苗器向下调整进行补救；三是压苗器偏高，调整压苗器到适当的位置。

11. 秧块不易滑送

其原因及排除措施：一是压苗器太低、太紧，重新调整压苗器的位置即可；二是秧块太干，应适当洒些水在秧块上湿润秧

块；三是秧块宽度不当，可采取措施调整秧块宽度，或者更换秧苗。

第二节　2ZT 系列水稻插秧机的常见故障与维修

一、插秧机的栽植臂出现的问题

故障现象：插秧机在工作了一段时间后，其栽植臂已不能正常运转，特别是秧爪有卡滞或迟缓的现象和不抓秧的现象，造成漏穴或半行、整行缺秧。

其原因在于：插秧机左、中、右 3 个链箱中，装在链轮轴上的压紧弹簧，在使用一段时间后，弹簧弹力明显减弱，造成链箱中的安全离合器遇到稍大阻力后，如秧苗带土稍厚，即发生分离，从而使整个栽植臂有卡滞或迟缓现象，经过人施压力，栽植臂才可以运转。

解决的办法是：在没有相配套的新的压紧弹簧可以更换的前提下，可以采用增加压紧弹簧左边或右边垫片的方法来解决。具体步骤是：首先拧掉栽植臂链箱后盖上的 4 个螺栓，松动后盖放掉机油，取下后盖，再取下左右两边的秧爪，按顺序摆放，不能放错，取下油封座及油封，由里向外轻轻敲击轴承，取下两边轴承。取下链轮轴上的开口销，拿出垫片和压紧弹簧，用卡簧钳子取下轴左端的卡簧，将零件清洗后，在没有新的压紧弹簧更换的情况下仍使用原弹簧，在原有的压紧垫片上再加装一个压紧垫片，然后在轴上装上开 121 销，将安全离合器对接好后，先装上右边的轴衬，然后用力由左向右压紧链轮平口上的压紧弹簧，用卡簧钳装上卡簧，再装上左边的轴承，并装上左右油封及轴衬盖，最后按顺序装上左右秧爪和链箱后盖。通过加垫片的方法。可以增加压紧弹簧弹力，使安全离合器在遇到稍大阻力后不能随时打开，保证了栽植臂的连续运转，避免了漏穴或断行。在使用此法时须注意：增加垫片不能过多，一般以 2 个垫片为宜，否则，会使安全离合器在遇到较大阻力后不能及时打开，增大链箱中链条的拉力，从而拉断链条。

二、插秧机在转弯或掉头的过程中应严禁插秧

该插秧机在使用过程中，由于有些技术员对插秧机使用不是很熟练，对使用过程中注意事项没有掌握，往往在使用中出现错误。例如，转弯插秧或掉头插秧，都会损坏插秧机的工作部件。轻者会拧断传动轴右向节上的销子，重者会损坏秧箱底下链箱中的花键轴。销子拧断可以更换一个相同的销子．但花键轴一旦损坏，就必须打开链箱，重新更换新的花键轴，这无形中增加了维修成本，耽误了工作时间，不能及时完成插秧任务。因此，在使用任何一种型号的插秧机时，都应正确操作，避免损坏插秧机，对插秧机工作中出现的一些问题，应及时解决。

第三节　东洋 PF455S 手扶式插秧机的常见故障与维修

东洋 PF455S 型手扶插秧机操作系统简单，可根据不同秧苗、不同土质进行 0 ~ 5cm 内 10 个挡位的插秧深度调节。整机采用工程塑料浮板、橡胶轮胎，减少了整机重量，体积小，机动性好，更适合小田块作业。该机拥有液压仿形系统，能根据不同土质，通过液压机构自动调节，保证插秧深度一致，确保插秧质量稳定。当插秧机作业过程中碰到石子等硬物时，安全离合装置自动停止插秧作业，保护机器不受损坏。该机的分离型可拆机罩设计，使维护和保养更方便。

一、化油器似“放炮”，启动困难故障

故障现象：手拉反冲式启动器，化油器进气出现类似于消声器的“放炮”，用手靠近化油器进气，有气体往外返喷，勉强启动后，仍听到化油器“啪啪”声，熄火后再启动还是很难。

故障原因：发动机燃烧室积炭，气门积炭，进气门关闭不严。维修技术：修复后，手拉反冲式启动器，把手堵在进气上，感到手掌被负压吸住且吸力较大。

修复方法如下。

①清除积炭。打开缸盖，用薄铁片铲除积炭，仔细清理气门后，滴几滴机油反复研磨气门。

②更换气门。

③更换气门弹簧。

④磨削气门与气门挺杆接触的一端，增大气门关闭压力。

⑤经常清洗空气滤芯，严禁无空滤工作。

二、启动拉绳无力，启动困难

故障现象：手拉反冲式启动器拉绳无力。

故障原因：气门卡滞，气门关闭不严，发动机无压缩。

维修技术：打开缸盖，发现气门卡在开启的位置时，反复转动按压起门，用金属清洗剂冲洗气门卡滞部位，再用机油润滑，并研磨气门。

三、启动阻力大，启动困难

故障现象：手拉反冲式启动器拉绳拉力增大，甚至拉绳拉断，但反冲式启动器没有异常。

故障原因：因无机油泵供油，仅靠溅油匙飞溅润滑，发动机机油量接近下刻线油量不足，或溅油匙折断，导致曲轴连杆润滑不良出现抱轴现象。

第四节　久保田 SPW－48C 手扶式插秧机的常见故障与维修

一、久保田 SPW－48C 插秧机机具特点

久保田 SPW－48C 插秧机采用大功率发动机（最大功率为 3 160.5W）与轻量型车身（160kg）相结合，因而插秧作业轻松方便；疏栽、密栽，可根据水稻不同品种基本苗要求调节株距，株距可进行 5 级（12cm、14cm、16cm、18cm、21cm）设定调节；大直径车轮，可进行湿田作业，六角车轴，实现高耐久性；机具采用了 2 级纵向传送方式，可有效防止缺秧、插秧根数不均，提高栽插作业质量。

二、机具常见故障原因及排除方法

1. 插秧臂部分

当插秧臂出现故障时会有如下现象：一是栽插离合器不能断开（插秧臂不停止），这是由于栽插离合器杆的调整不良，应加以调整；二是插秧臂不转动，可能是因为主离合器杆和栽插离合器杆的调整不良，或相关部件损坏造成的，当予以适当调整或更换损坏的相关部件；三是插秧臂发出异常声音，是由于轴承磨损或损坏，推出臂损坏，推出臂与推杆的接头脱落，应及时更换或重新组装；四是插秧臂的推杆完全不动作，有可能是推出臂损坏，推出臂与推杆的接头脱落，推杆与轴套烧结，推出臂与支点烧结，推出凸轮磨损，这时也应重新组装或予以更换；五是插秧臂的推杆动作不良，是由于推出用压缩弹簧不良，推杆弯曲变形，推出臂与支点销转动不良，凸轮磨损，推杆与插秧爪接触，

应及时加以更换或修正；六是插秧臂的推杆行程过小，看是否是支点销与支点孔（推出臂的孔）磨损，推出臂的推出凸轮接触面磨损，推出凸轮磨损，若是予以更换即可；七是插秧臂不在上限位置停止，应该是上限位置停止的时间调整不当，或栽插离合器已经损坏，这时应重新组装插秧臂或更换离合器。

2. 载秧台部分

当载秧台出现故障时会有如下现象：一是载秧台不进行纵向传送，可能是因为纵向传送时间不当，纵向传送凸轮、纵向传送凸轮 2 磨损，纵向传送轴的复位较慢或不复位，应重新组装或予以更换；二是单向离合器臂的复位较慢或不复位，是由于纵向传送凸轮 2 复位弹簧或单向离合器臂复位弹簧安装不当（脱落）或折断，摩擦板损坏，单向离合器组装不当或损坏，纵向传送轴的转动扭矩过高引起的，应及时加之重新组装、更换或调整；三是横向传送动作不良，是由横向传送螺丝、滑块或横向传送杆损坏，滑块挡块的内卡环脱落，横向传送齿轮损坏等原因造成的，这时予以更换或组装即可。

三、作业过程中常见栽插质量异常原因及解决方法

一是缺秧、秧苗浮起。此时，应检查下插秧爪是否已磨损，若磨损，换上新的插秧爪即可；若插秧深度过浅，则应增加插秧深度；要使取苗量为 10mm 以上；应减少水量，给苗床增加一定的水分，降低插秧速度。

二是当插秧爪不取苗或取苗不足。此时，要增加取苗量，切掉苗床的底部，不使用不能脱离苗床的秧苗；确认下插秧爪之间的有效间隔，达不到标准的更换新的插秧爪。

三是秧苗的纵向传送不良，秧苗堵在取苗口。此时，若秧块过宽，在育苗箱中横向施加振动，减小宽度；秧块过厚则使用秧板厚度在 3cm 以下的秧苗；可适当给秧块增加水分；插秧爪两端

不齐、磨损，无法充分取苗时，换上新的插秧爪即可；插秧爪之间的间隔过宽或过窄，应修整插秧爪之间的间隔，或予以更换。

四是浮舟经过的地方流入泥水，使栽插的秧苗伏倒或浮舟向临近秧苗推泥，秧苗从载秧台滑落。此时，若苗床过薄，应使用苗床厚度在2cm左右的秧苗；水过多，可降低插秧速度；田块土质过软，应及时提前搁田；液压感测调节过于迟钝，要将液压感测调节调到灵敏，即调节到“软”方向位置。

五是当栽插的秧苗散开，秧苗不拢合，即散秧。此时，若推杆不能将秧苗充分推出，更换推出用压缩弹簧即可；插秧爪之间的间隔过宽，要修整插秧爪之间的间隔，或将之更换；秧块过干，给秧块增加水分；插秧爪已磨损时，立即更换插秧爪；秧苗盘根不良，应使用盘根良好的秧苗，降低插秧速度；取苗量过少时，增加取苗量；剩下的秧苗与补充的秧苗之间没有完全接上，应仔细进行秧苗补充；检查导苗器上有无泥土堵塞，及时清理即可。

六是栽插姿势不好，机体上下小幅振动。此时，若推杆不能将秧苗充分推出，更换推出压缩弹簧即可；插秧爪磨损时，及时更换新的插秧爪；秧苗盘根不良，应使用盘根良好的秧苗；液压感测调节过于敏感，处于“软”方向位置，则应将液压感测调节调到迟钝，即调节至“硬”方向位置。

第五节　洋马 VP6D 乘坐式高速插秧机的常见故障与维修

洋马高速乘坐式插秧机 VP6D，整机规格为 2ZGQ－6 型，此机型操作手柄集中于手旁，脚下空间平坦、宽敞，方向盘和踏板的角度可根据操作者体形来进行调节，使驾驶员作业舒适，不易疲劳。左右车轮各自独立，在前轮上采用了减震器，当田块有凹

凸时机身的晃动和震动都很小，可以有效保证插秧质量。当插秧机后退时，插秧自动停止，载苗台自动上升，可以有效防止插秧部损坏，顺利进行后退。轻量化和大直径车轮，即使是在烂田，也能顺利行走和作业。在动力方面采用14马力的发动机，支持高速和低俗作业，此外，还配备了20L的大油箱比其他机器的作业时间延长了近两倍。此机型还拥有世界先进的、易操作的HMT无级变速机构，比传统的变速系统传动效率提高了15%，还配备了先进UFO水平装置、实现插秧深度自动调节，保证了栽秧台在插秧时的水平和插秧深度的均匀性

一、常见故障之一

启动机具在田间作业行进速度不快，在爬小田埂时无法爬越，这主要是发动机的行走皮带打滑或老化所致。由于行走皮带是内齿式形状，在长期使用中内齿会脱落，就会形成打滑，动力不足的现象，因此，机具在田间行进速度降低，遇到较大阻力时无法前进，这就需要更换行走皮带。在农忙结束后清洗入库，建议将行走皮带张紧放松，以延长皮带使用寿命。

二、常见故障之二

机具在田间转身时不灵活，或者转弯时有异响，这是由于前轮转弯处轴承不加油润滑所致。由于插秧机长时间浸泡在田间作业，前轮转向处的油封损坏，致使泥水进入内部，轴承损坏，严重的还会引起转向齿轮损坏。因此，在发现转弯不灵活或转弯听到异响时应立即停车检查。通过更换前轮油封、轴承，加注润滑油来避免机具进一步损坏。

三、常见故障之三

缺棵，这是最常见的现象，造成这一现象的原因是多方

面的。

（1）秧苗育秧时秧板上就缺苗，这是无法弥补的，因为插秧机是按插小土块原理工作的，小土块上无苗就会造成缺棵，因此育秧时要求农户使用发芽率达 95% 上的种子。秧苗的前期管理非常重要，确保秧板苗情况良好，避免缺棵。

（2）用户在首次装秧时，没有注意正确安放，造成缺棵。在首次装秧时应将栽秧台移至最左面或最右面，这时装秧，确保插植叉取苗在秧板最边上进行，这样就能保证无漏插。

（3）某一行缺棵严重，这就要检查这一行的插植臂总成，看秧针是否损坏，或者堵塞，根据实际情况加以修复。

（4）并排几行缺棵严重，这一现象产生的原因是由于送秧系统是由 12 根送秧皮带和送秧主动轴、被动轴，棘轮等组成，每 6 根为一组，分成两组，期间由一个针形离合器连接。针形离合器在长期使用中容易断裂脱落，用户不易发现。在发生这一现象检查时需将栽秧台升起锁住踩油门，从栽秧台后面看皮带是否运转即可。另外，要求每日工作后要将栽秧台送秧皮带清洗，防止有杂草缠绕。

第七章　水稻插播机故障诊断及案例分析

第一节　水稻插秧机故障诊断

一、水稻插秧机故障表现

水稻插秧机的某一部件、总成或整机技术状态变坏，直接影响整机的正常工作，即说明发生了故障。水稻插秧机的各种故障总是通过一定的征象（或称形态）表现出来的，一般具有可听、可见、可嗅、可触摸、可测量的性质。这些征象表现在以下几个方面。

1. 声音反常

声音是由物体振动发出的。因此，水稻插秧机工作时发出的规律的响声是一种正常现象，但当水稻插秧机发出各种异常响声（如敲击、排气管放炮声、爆震和摩擦噪声）时，即说明声音反常。

2. 温度反常

水稻插秧机正常工作时，发动机的冷却水、机油，变速器的润滑油，液压系统的液压油等温度均应保持在规定范围内。当温度超过一定限度（如水温或油温超过95℃，与润滑部位相对应的壳体表面油漆变色、冒烟等）而引起过热时，即说明温度反常。

3. 外观反常

即水稻插秧机工作时凭肉眼可观察到的各种异常现象。例如，冒黑烟、白烟、蓝烟，漏气、漏水、漏油，零件松脱、丢失、错位、变形、破损等。

4. 气味反常

发动机燃烧不完全、摩擦片过热或导线短路时，会发出刺鼻的烟味或烧焦味，此时，即表明气味反常。

5. 消耗反常

水稻插秧机的主燃油、润滑油、冷却水和电解液等过量的消耗，或油面、液面高度反常变化，均称为消耗反常。

6. 作用反常

水稻插秧机的各个系统分别起着不同的作用，各系统的作用均正常时，整机才能正常工作。当某系统工作能力下降或丧失，使水稻插秧机不能正常工作时，即说明该系统作用反常。例如，启动机不转、发动机功率不足、机油压力过低、离合器分离不清、变速箱挂挡或脱挡困难、液压升降失灵、漏插、漂秧等。

以上几种反常现象，常常相互联系，作为某种故障的征象，先后或同时出现。只要稍稍留心，上述故障症状都是易于察觉的，但成因却是复杂的，又往往是重大故障的先兆，所以，遇到上述情况时，要及时处理。

二、水稻插秧机故障形成的原因

水稻插秧机在使用过程中由于技术状态恶化而发生故障，一方面是必然的自然现象，经过主观努力可以减轻，但不能完全防止；另一方面则是由于使用维护不当而造成的。因此，只有深入地了解水稻插秧机故障形成的原因，才能设法减少水稻插秧机故障的发生。

1. 设计制造上的缺陷或薄弱环节

新型水稻插秧机设计结构的改进，制造时新工艺、新技术和新材料的采用，加工装配质量的改善，使水稻插秧机的性能和质量有了很大的提高，也的确减少了新机在一定作业里程内的故障率。但由于水稻插秧机结构复杂，各总成、组合件、零部件的工作情况差异很大，不可能完全适应各种运行条件，使用中就会暴露出某些薄弱环节。

2. 配件制造的质量问题

随着水稻插秧机配件消耗量的日趋增长，配件制造厂家也越来越多。但由于他们的设备条件、技术水平、经营管理各有不同，配件质量就很不一致。尽管配件的质量正在改善提高，但这仍然是分析、判断故障时不能忽视的因素。

3. 燃料、润料品质的影响

合理选用水稻插秧机燃、润料是水稻插秧机正常行驶的必要条件。由于水稻插秧机的田间使用条件十分恶劣，所以，对润滑条件要求较为严格。如果润滑油（脂）等不合格，就会影响正常润滑，使零件磨损加剧。因此，使用不符合水稻插秧机规定的燃、润料，也是故障的一个成因。例如，柴油发动机在冬季选用凝固点高的柴油，是供油系发生故障和柴油机不能启动的主要原因；柴油机不采用专用柴油机机油，是发动机早期磨损的因素等。

4. 田间条件的影响

水稻插秧机在不同的水田作业时，其传动系统、行走系统、制动系统、送秧机构和栽植机构等均会受到水田泥土的浸入，使其内部润滑不良，增加零件磨损，引起有关部位的故障。若经常在山区小田块作用，地头转弯频繁，使传动、制动部分工况的变动次数多、幅度大，往往导致早期损坏。

5. 管理、使用、保养不善

因管理、使用保养不善而引起的故障占有相当比重。柴油发动机如使用未经滤清的柴油；新机或大修后的水稻插秧机不执行走合规定，不进行走合保养；田间作业不注意保持正常温度、装秧不合理或超载等，均是引起水稻插秧机早期损坏和故障发生的原因。

6. 安装、调整错乱

水稻插秧机的某些零件（如正时齿轮室的齿轮、曲轴、飞轮，变速箱内的齿轮，空气滤清器和机油滤清器的滤芯及垫圈等）相互间只有严格按要求的位置的记号安装，才能保证各系统正常工作。若装配记号错乱，位置装倒或遗漏了某个垫片、垫圈，便会因零件间的相对位置改变而造成各种故障。

水稻插秧机的各调整部位（如气门间隙、轴承间隙、阀门开启压力等），使用中必须按要求规范调整，才能保证各系统在规定的技术条件下工作。若调整不当，便会发生各种故障。

7. 零件由于磨损、腐蚀和疲劳而产生缺陷

相互摩擦的零件（如活塞与缸套、曲轴轴颈与轴承等），在工作过程中，摩擦表面产生的尺寸、形状和表面质量的变化，称为磨损。磨损不但改变了零件的尺寸形状和表面质量，还改变了零件的配合性质，有些零件的相对位置也会发生改变。在正常情况下，工作时间越长，零件因磨损而产生的缺陷越多，故障也会增多。由此可见，磨损是产生故障的一个重要根源。

腐蚀主要由金属和外部介质起了化学作用或电化学作用所造成，其结果使金属成分和性质发生了变化。水稻插秧机上常见的腐蚀现象是锈蚀、酸类或碱类的腐蚀及高温高压下的氧化穴蚀等。氧化主要是指橡胶、塑料类零部件由于受油类或光、热的作用而失去弹性、变脆、破裂。

零件在交变载荷的作用下，会产生微小的裂纹。这些裂纹逐

渐加深和扩大，致使零件表面出现剥落、麻点或使整个零件折断，这种现象称为疲劳损坏。水稻插秧机中的某些零件，主要就是因疲劳而损坏的，如齿轮、滚动轴承和轴类等。

由慢性原因（如磨损、疲劳等）引起的故障，一般是在较长时间内缓慢形成，其工作能力逐渐下降，不易立即察觉。由急性原因（如安装错误、堵塞等）引起的故障，往往是在很短时间内形成的，其工作能力很快或突然消失。

三、水稻插秧机故障诊断的基本方法

水稻插秧机故障诊断包括两个方面，即先用简便方法迅速将故障范围缩小，而后再确定故障区段内各部状态是好是坏，两者既有区别又相互联系。下面介绍几种常用的故障诊断方法。

1. 仪表法

使用轻便的仪器、仪表，在不拆卸或少拆卸的情况下，比较准确地了解水稻插秧机内部状态好坏的方法，称为仪表法。

2. 隔除法

部分地隔除或隔断某系统、某部件的工作，通过观察征象变化来确定故障范围的方法，称为隔除法。一般地，隔除、隔断某部位后，若故障征象立即消除，即说明故障发生在该处；若故障征象依然存在，说明故障在其他处。例如，某灯不亮时，可从蓄电池处引一根导线直接与灯相接，若灯亮，说明开关至灯的线路发生了故障。

3. 试探法

对故障范围内的某些部位，通过试探性的排除或调整措施，来判别其是否正常的方法，称为试探法。进行试探性调整时，必须考虑到恢复原状的可能性，并确认不至因此而产生不良后果，还应避免同时进行几个部位或同一部位的几项试探性调整，以防止互相混淆，引起错觉。

4. 经验法

主要凭操作者耳、眼、鼻、身等器官的感觉来确定各部技术状态好坏的方法，称为经验法。此方法对复杂故障诊断速度较慢，且诊断准确性受检修人员的技术水平和工作经验影响较大。常用的手段如下。

（1）听诊。根据水稻插秧机运转时产生的声音特点（如音调、音量和变化的周期性等）来判断配合件技术状态的好坏，称为听诊；水稻插秧机正常工作时，发出的声音有其特殊的规律性。有经验的人，能从各部件工作时所发出的声音，大致辨别其工作是否正常，当听到不正常的声音时，会有异常的感觉。

（2）观察。即用肉眼观察一切可见的现象，如运动部件运动有无异常、连接件有无松动，有无漏水、漏油、漏气现象，排气是否正常，各仪表读数、排气烟色、机油颜色是否正常等，以便及时发现问题。

（3）嗅闻。即通过嗅辨排气烟味或烧焦味等，及时发觉和判别某些部位的故障。这种方法对判断水稻插秧机的电气系统短路和离合器摩擦衬片烧蚀特别有效。

（4）触摸。即用手触摸或扳动机件，凭手的感觉来判断其工作温度或间隙等是否正常。负荷工作一段时间后，触摸各轴承相应部件的温度，可以发现是否过热。一般手感到机件发热时，温度在40℃左右；感到烫手但不能触摸几分钟，在50～60℃；若一触及就烫得不能忍受，则机件温度已达到80～90℃以上。

5. 比较法

将怀疑有问题的零部件与正常工作的相同件对换，根据征象变化来判断其是否有故障的方法，称为比较法。

换件比较是在不能准确地判定各部技术状态的情况下所采取的措施。实际上，在各种诊断方法中都包含着一定的比较成分，而不急于换件比较。因此，应尽量减少盲目拆卸对换。

第二节　水稻插秧机故障案例

案例 1　发动机启动困难

1. 故障现象

一台洋马 VP4 插秧机，在插秧时，发动机启动不了。

2. 故障诊断

经检查，火花塞没问题，主油路也畅通。后来将化油器拆下来清洗，用化油器强力清洗剂喷洗各个油孔，然后装上去再启动，结果很快就着火启动了。原来，在喷洗化油器油孔时，发现有黄褐色浑浊液排出。正是这些浑浊液附在了化油器的油孔壁上，使燃油在供油孔内受阻而使发动机无法启动。这些浑浊液是怎么来的呢？经多台机子的观察和对比，发现化油器里的油因时间久了（一个月以上），化油器内就会产生黄色浑浊物，时间越久浑浊物越多。特别是使用乙醇汽油，被燃油中的乙醇慢慢透淀出其中的水分所致。它是化油器油孔受堵的主要原因。而有些机子把化油器内的油排放完了，过些时间再使用，却没有启动困难的现象。

3. 故障排除

清洗化油器后，故障消失。

案例 2　化油器似放炮，启动困难

1. 故障现象

一台东洋 PF455S 型手扶插秧机，手拉反冲式启动器，化油器进气口出现类似于消声器的“放炮”，用手靠近化油器进气口有气体往外返喷，勉强启动后，仍听到化油器“啪啪”声，熄火后再启动还是很难。

2. 故障诊断

可能是发动机燃烧室积炭，气门积炭，进气门关闭不严。经检验燃烧室内积炭过多，且气门关闭不严，使汽缸压缩压力不足，导致启动困难。

3. 故障排除

打开缸盖，用薄铁片铲除积炭，仔细清理气门后，滴几滴机油反复研磨气门。修复后，手拉反冲式启动器，把手堵在进气口上，感到手掌被负压吸住且吸力较大，故障消失。

案例3　启动拉绳无力，启动困难

1. 故障现象

一台东洋 PF455S 型手扶式插秧机，手拉反冲式启动器拉绳无力。

2. 故障诊断

打开缸盖，发现气门卡在开启的位置处，使气门关闭不严，发动机汽缸无压缩压力，从而启动困难。

3. 故障排除

反复转动按压起门，用金属清洗剂冲洗气门卡滞部位，再用机油润滑，并研磨气门。

案例4　油门一大就熄火

1. 故障现象

某新购东洋 PF455S 型插秧机采用中小油门作业时，一切运转正常，一旦加大油门，发动机马上熄火。

2. 故障诊断

检查该插秧机发现，该机是刚买几个月的新机，发动机等大部分都没发生过故障，且没拆过。询问驾驶员后得知，驾驶员曾对水稻插秧机进行过保养，拆下空气滤清器组合并清洗了滤芯。

于是我们拆开空气滤清器发现滤芯和挡板的位置前后颠倒了，导致采用大油门时，海绵滤芯堵塞进气口，引起发动机进气不足而熄火，故障找到。

3. 故障排除

拆下空气滤清器组合，对调滤芯和挡板的位置，故障排除。

案例5　发动机启动困难

1. 故障现象

某久保田四行插秧机发生发动机启动困难的故障，现场摘下高压点火线，拉动启动手柄，使点火线弹簧帽距火花塞尾端5～6mm，观察发火颜色，发生蓝色火花。

2. 故障诊断

现场调火时发生蓝色火花说明点火系统正常。再检查火花塞，卸下火花塞，擦拭积炭，检查火花塞间隙，正确间隙为0.67～0.7mm。转动启动手柄，火花塞发生淡蓝色火花，并伴有“啪啪”响声，表明火花塞正常，上紧火花塞，带好高压线帽，继续启动，还是不着火，判断可能是油路出了问题。油路燃油没放净，杂质沉淀，可能造成油路堵塞，所以，清洗油路及化油器，清理主油道量孔、空气量孔和浮子油针及油道，清洗完成后接好油路，启动水稻插秧机，可以正常启动。

3. 故障排除

清洗油路后故障排除。另外，油针橡胶圈使用时间长易老化，造成密封不严，油面过高，这时应关闭油箱开关进行启动，发动机着火后再打开开关。

案例6　熄火且无法启动

1. 故障现象

某东洋PF455S型插秧机一到水田就熄火，离开水田到路上不久又正常，在路上一切正常，下田工作片刻就熄火，在水田根本无法启动。

2. 故障诊断

设计的水稻插秧机是在水田工作的，而且在路上一切正常，因此不大可能是机械故障导致的熄火，只可能电路有问题，拆开捆绑在中间浮板上的电线束，发现熄火线破皮外露，导致在水田线路短接而熄火，在路上水一干又正常了。

案例 7　作业中发动机自行熄火

1. 故障现象

一台新购的“富家佳”插秧机在作业时，刚插半亩田，发动机忽然自动熄火。驾驶员赶忙打开油箱盖查看油量，燃油还有半箱。随即旋紧油箱盖又启动发动机继续作业。大约工作了几分钟，发动机又自行熄火了。

2. 故障诊断

经仔细检查后，发现油箱盖胶垫中间的通气孔堵塞。由于油箱内空间极小，当燃油消耗一部分后，油箱内就形成部分负压燃油不能排人化油器而熄火。后将油箱盖胶垫中间的通孔穿通后，插秧机工作就正常了。一般来说，发动机在运转中自行熄火，主要原因是燃油耗尽和油箱内不洁净造成油路堵塞，但多数还是化油器堵塞引起的，油箱盖通气孔堵塞造成油路不通的现象较少见。

3. 故障排除

疏通油箱胶垫中间的通气孔，故障消失。

案例 8　化油器主量孔堵塞

1. 故障现象

某韩国产插秧机在春季启动时，出现了启动困难，发动机运

转加速时转速无明显提高，发动机抖动无力。

2. 故障诊断

经检查是化油器主量孔堵塞和混合汽调整不当所致。化油器主量孔堵塞的主要原因就是在前一年插秧结束后没有及时将化油器内的残油清理干净，造成燃油变质。

3. 故障排除

将化油器主量孔清洗疏通，将变质的燃油放干净，加入新的燃油（插秧机用的燃油为无铅纯汽油）试车，故障排除。

用户应在插秧结束后，应该及时将油箱和化油器内的燃油放净，将插秧机放置干燥、通风场所保管。

案例 9　定位离合器分离不彻底

1. 故障现象

某久保田 SPW－48C 型水稻插秧机在工作过程中发生定位离合器分离不彻底的现象。

2. 故障诊断

先打开了定位分离盖，检查调节螺母在正确位置，调节螺母及分离销未滑扣、拉簧未折断，以上均无问题又再拆下了动力输出轴总成，查牙嵌定位凸沿的技术状态，发现定位凸沿磨损严重。

3. 故障排除

更换定位凸沿，故障排除（若磨损不严重时，可将分离牙嵌啮合面磨去约 0.5mm）。

此外，若出现了上述提到的螺母不在原位置、螺母及分离销滑扣、拉簧折断的现象，可用以下方法解决：将调节螺母调至正确位置；分离销或调节螺母滑扣应更换；更换拉簧。

案例 10　添加液压油不合适

1．故障现象

有部分韩国产亚细亚插秧机，在经过操作人员对秧箱液压部分的保养后，秧箱突然不能移动。

2．故障诊断

经检查发现其原因是：①添加的液压油脏；②加注油过多。

使单向阀垫起，造成封闭不严；柱塞被挤住，克服了弹簧力使柱塞不能伸出进行工作；加油过多无冷却空间，油料过热，系统内产生气塞。

3．故障排除

放掉脏的液压油，重新加入干净的液压油，加油时油面以油标尺尖见油即可，不可多加。

案例 11　送秧齿轴不转

1．故障现象

某久保田四行水稻插秧机在工作工程中发生送秧齿轴不转的故障，导致水稻插秧机无法送秧。

2．故障诊断

首先怀疑是棘爪或扭簧脱落，但是检查时未发现任何问题，棘爪和扭簧均工作良好；于是又检查了送秧齿轴（送秧齿轴轴向窜动也可能引起送秧齿轴不转），也没发现送秧齿轴有轴向窜动现象；最后怀疑是送秧棘轮钢丝销或棘轮槽口磨损，拨动送秧轮螺钉发现棘轮转动而送秧轴不转动，判断是钢丝销脱落，检查棘轮槽口磨损较小，可以使用。

3．故障排除

将钢丝销装复，故障排除。遇到这种故障应先看棘轮、棘爪及钮簧是否完好，若损坏或脱落，应予更换；再拨动送秧螺钉，

若棘轮转动而送秧轴不转，说明钢丝销脱落，将钢丝销装复。

案例 12　安全离合器不起作用

1. 故障现象

某 PF455s 型水稻插秧机的安全离合器在变速箱的右侧（沿前进方向），安全离合器牙嵌靠弹簧的压力与链轮牙嵌啮合，使链轮正常传递动力。在插秧过程中，秧爪遇到石子、砖头等硬物，或者是因秧爪变形而抓到苗箱或导轨，导致插植臂在运动瞬时遇到很大的阻力，克服弹簧弹力，离合器分开，不传递动力。

2. 故障诊断

首先怀疑是安全离合器弹簧压力过紧，作业中遇到较大阻力时，动力无法断开，打开安全离合器的橡胶护套，拿出开口销，将六角螺母向外拧 1 ~ 1.5 圈，放松弹簧压力，装复后试车，故障仍不见排除；润滑不良也会造成安全离合器不起作用的现象，于是，将六角螺母拧下，松开安全离合器，启动发动机，查看链轮，发现跟轴旋转，确定故障是润滑不良造成的。

3. 故障排除

拆下离合器，用拉模将链轮拉出，用钢锉修理链轮轴，直到链轮能在轴上自由转动，装复后试车，故障排除。

橡胶护套密封不好，泥水进入，造成锈死也会使安全离合器不起作用，应保证橡胶护套的密封性。

案例 13　插植离合器结合不上

1. 故障现象

某久保田水稻插秧机，在工作时当合上插植离合器手柄时在插植离合器拉线以及其他一切与插秧有关的手柄都调整正确的情况下，插植部不动作，即插植离合器接合不上的故障，导致水稻插秧机无法正常工作。

2. 故障诊断

该机的插植离合器由插植离合器操作手柄带动绿色钢丝，使绿色钢丝顶端圆柱伸进或拉出，达到离合目的。排查故障时首先检查了钢丝前端顶杆的回位情况，发现回位正常；于是检查离合器凸轮，发现离合器凸轮不回位，导致插植离合器结合不上。

3. 故障排除

用锉刀修去轴键槽一侧边的凸出部分，安装好后重新启动水稻插秧机，故障排除。

案例 14　栽植箱螺钉过长

1. 故障现象

一台韩国产国际牌水上漂插秧机，在插秧作业过程中发现栽植箱螺钉丢失一个，配上相应螺钉后继续插秧，行走约 20m 远发动机突然熄火，启动发动机后接合插秧离合器，发动机再次熄火。

2. 故障诊断

检查时发现，有一铝合金块被绞入链条与齿轮之间，使其无法运转。该故障是由于栽植箱后配螺钉过长，将栽植箱铝合金壳体顶掉一块，该铝合金块被绞人链条与齿轮之间，造成栽植臂无法运转所致。

3. 故障排除

取出该铝合金块，检查链条与齿轮，重新启动，故障排除。为此，操作人员在选配螺钉时，不要只注意螺纹，也要注意其长度。

案例 15　栽植臂出现故障

1. 故障现象

某 2ZZA－6 型水稻插秧机在工作了一段时间后，其栽植臂

已不能正常运转，特别是秧爪有卡滞或迟缓的现象和不抓秧的现象，造成漏穴或半行、整行缺秧。

2. 故障诊断

经询问驾驶员得知，这台水稻插秧机刚刚大修过，出现大问题的可能性不大，该机已经使用2年，初步判定可能是弹簧弹力变化所致。经检查发现其原因在于：插秧机左、中、右3个链箱中，装在链轮轴上的压紧弹簧，在使用一段时间后弹力明显减弱，造成链箱中的安全离合器遇到稍大阻力后，例如，秧苗带土稍厚，即发生分离，从而使整个栽植臂有卡滞或迟缓现象，经过人施加压力，栽植臂才可以运转。

3. 故障排除

可更换压紧弹簧消除故障。由于没有相配套的新的压紧弹簧可以更换的前提下，所以采用增加压紧弹簧左边或右边垫片的方法来解决：首先拧掉栽植臂链箱后盖上的4个螺栓，松动后盖放掉机油，取下后盖，再取下左右两边的秧爪，按顺序摆放，不能放错，取下油封座及油封，由里向外轻轻敲击轴承，取下两边轴承。取下链轮轴上的开口销，拿出垫片和压紧弹簧，用卡簧钳子取下轴左端的卡簧，将零件清洗后，在没有新的压紧弹簧更换的情况下仍使用原弹簧，在原有的压紧垫片上再加装一个压紧垫片，然后在轴上装上开口销，将安全离合器对接好后，先装上右边的轴衬，然后用力由左向右压紧链轮平口上的压紧弹簧，用卡簧钳装上卡簧，再装上左边的轴承，并装上左右油封及轴衬盖，最后按顺序装上左右秧爪和链箱后盖。通过加垫片的方法。可以增加压紧弹簧弹力，使安全离合器在遇到稍大阻力后不能随时打开，保证了栽植臂的连续运转，避免了漏穴或断行。

案例 16　秧苗倒伏较重

1. 故障现象

某久保田水稻插秧机在作业中插得秧苗倒伏严重。

2. 故障诊断

开始检查了秧苗床土，湿度正常，床土不干，不会导致秧苗倒伏严重；取秧量不正常也会导致秧苗倒伏，但观察插秧机工作时，取秧量在正常范围内；检查已种好的秧苗，发现插秧深度和秧苗本身也都没有问题；后来发现秧针和推秧器上有泥浆，这也会使秧苗倒伏。

3. 故障排除

将秧针和推秧器上的泥浆清洗干净即可排除故障。

产生秧苗倒伏的故障，可从重点从以下几个方面入手进行排查：①秧苗床土太干；②秧苗太稀，取秧量过少；③插秧太浅；④秧苗没有盘好根；⑤秧针和推秧器被泥浆堵塞。

排除方法：①适当向秧苗床上洒些水；②增大取秧量；③加大插秧深度；④降低作业速度；⑤将秧针和推秧器上的泥浆清洗干净。

案例 17　插秧株数不均匀，且漏插过多

1. 故障现象

某东洋牌水稻插秧机在作业过程中出现了插秧株数不均匀的故障，且漏插的秧苗过多，严重影响作业质量。

2. 故障诊断

发生这种故障应先检查秧苗质量，检查中发现秧苗质量符合要求，并没发现成苗不均匀或秧茎粗细不一的情况，排除了秧苗的原因；检查了入帘高度并进行调整（按规定为 42 ~ 46mm），但调整后故障并没能排除；又检查了移箱定位、送秧器等均无故

障，后来在检查秧爪时发现秧爪变形且掉齿，导致其不能准确分秧。

3. 故障排除

更换秧爪后故障排除。

发生插秧株数不均匀、漏插的故障，应从以下几个方面进行检查或排除故障：①秧苗质量不合标准；②铲秧活拔秧不符合机械插秧要求，如铲切的苗土过厚、过薄、水分过大、宽窄不一、缺边掉角，应按照规定铲秧拔秧；③秧爪变形掉齿不能准确的分秧，应休整或更换秧爪；④入帘高度不够高应予调整；⑤移箱定位不准，应按规定调整；⑥送秧器送秧能力不足，应予调整。

案例 18　地轮不转

1. 故障现象

某 22K－630 水稻插秧机启动以后发动机运行良好但地轮不转，水稻插秧机无法行走。

2. 故障诊断

造成这种现象的原因：一是柴油机与离合器之间的皮带轮打滑；二是离合器打滑。首先检查了柴油机与离合器之间的皮带松紧，调节柴油机在机架上的相对位置来调整皮带的松紧度，或者更换此皮带都没能排除故障，说明问题不是由于此皮带打滑，于是怀疑是离合器打滑，检查离合器，打开离合器皮带轮端盖，松开螺母，卸下离合器皮带轮，将轮内的调整垫片减少后再重新装复，这样解决离合器打滑的故障。

3. 故障排除

按上述方法，减少离合器皮带轮内的调整垫片，重新装复，故障排除。

案例 19 插秧机不前进，在原地兜圈

1. 故障现象

一用户在插秧时遇到插秧机一侧轮子转；另一侧轮子不转，插秧机不前进，在原地兜圈。

2. 故障诊断

首先分析可能是左右离合器有一个坏了，经检查，离合器工作正常。再经过仔细反复检查，原来是将轮子固定在驱动轴上的两个固定销子全掉了，原因可能是扭力过大，使销子折断，或可能是固定销子的开口销掉了，从而使销子滑落。

3. 故障排除

用工作包内备用销子固定，故障消失。

案例 20 发动机不熄火，大灯不亮

1. 故障现象

某插秧机在田间作业结束后，当拨动点火开关至停止位置时，发动机不熄火，再将点火开关拨至大灯位置时，大灯不亮。

2. 故障诊断

首先分析一下发动机是如何点火、熄火的：当点火开关拨至运转位置时，拉动启动器，磁电机产生电流通过点火开关送到火花塞，产生电火花，发动机启动；当点火开关拨至停止位置时，磁电机产生的电流通过点火开关传到搭铁线接地，这时，无电流到火花塞，发动机熄火。经检查是发动机缸头上的固定搭铁线的螺丝因颠簸或其他原因掉了，导致发动机熄不了火，并且造成断路，大灯不亮。

3. 故障排除

用固定螺丝固定搭铁线。

案例 21　移箱器不移箱

1. 故障现象

某韩国产亚细亚水稻插秧机在作业时移箱器不移箱，严重影响工作进度。

2. 故障诊断

首先检查了移箱杆长度，移箱杆长度符合要求，不需要调整；根据水稻插秧机常见故障，认为可能是棘爪弹簧的故障，于是检查该弹簧，果然发现棘爪弹簧失效，不能带动棘轮转动。

3. 故障排除

更换棘爪弹簧，故障排除。

发生这种移位箱不工作的故障应从以下几个方面进行排查。

①移箱杆长度不足，可以按照移箱杆的长度调整要求，调整到需要的长度。

②定位器失效，棘轮不能被锁定而打回，造成不移箱。定位器的调整办法是将棘轮上的定位窝转离定位器钢球位于棘轮的平面上，然后拧紧调整螺钉，松回半圈锁紧。

③棘爪弹簧失效，不能带动棘轮转动。应修复或更换新弹簧。

④移箱器上两个滑块的位置固定不正确，使之与移箱滚轮架之间的间隙过大过小，造成移箱滚轮在圆柱凸轮螺旋槽中打横犯卡不能滚动，因而不能移箱，可适当调整两个滑块的固定位置，使移箱滚轮在圆柱轮螺旋槽的全长上能自由地滚动。

案例 22　送秧器不送秧

1. 故障现象

某手扶水稻插秧机在作业时送秧器不能送秧，致使水稻插秧机无法进行插秧工作。

2. 故障诊断

在排查故障时，由于送秧碰轮脱落可能导致送秧器不送秧的故障，所以，检查了送秧碰轮，发现其工作良好；排除了是送秧碰轮脱落的故障后，又检查了送秧器回位弹簧，因为，送秧器回位弹簧脱落或者弹力变化也会使水稻插秧机发生这种故障，更换新的回位弹簧也不能排除故障，说明同样不是弹簧引起的故障；后来发现吊杆不能绕销轴作灵活摆动，仔细检查发现是送秧器吊杆与支杆的联结销轴轴台太短，螺帽拧紧后吊杆不能绕销轴作灵活摆动，送秧器不能回位，造成不送秧。

3. 故障排除

修理支杆平面或更换新销轴，使销轴轴台长度大于支杆的厚度，装复后故障排除。

一般造成水稻插秧机送秧器不送秧的原因。

①送秧碰轮脱落而不送秧，应重新安装。

②送秧器回位弹簧脱落或弹力过弱，送秧器送秧后不回位，不能再次送秧，应修复或更换弹簧。

③送秧器吊杆与支杆的联结销轴轴台太短，螺帽拧紧后，吊杆不能绕销轴作灵活摆动，送秧器不能回位，造成不送秧，可按以上方法排除。

④送秧器送秧距离不足，靠板丝的凸块不能落到滚轮的前方卡住，送秧器在升起的状态回位，不起送秧作用，可按送秧时间的调整办法，恢复其送秧能力。

案例 23　推秧器不推秧或推秧缓慢

1. 故障现象

某 2ZK－630 型水稻插秧机在作业过程中发生推秧器不推秧的故障，其他部件工作正常。

2. 故障诊断

刚开始检查了推秧器上的推秧杆，并未发现推秧杆弯曲等异常现象；然后检查了推秧器内的推秧弹簧，发现弹簧无损坏，更换新弹簧也没能将故障排除，说明故障并不在推秧弹簧上；后来又分别检查了推秧器内的推秧拨叉、分离针变形与推秧器问的间隙，发现均无问题；水稻插秧机零部件均无问题，且间隙也调整的符合要求，但是水稻插秧机仍不工作，于是怀疑是栽植臂体内缺油，检查栽植臂，果然发现润滑油极缺。

3. 故障排除

往栽植臂内加注润滑油，故障消失。

推秧器不推秧可以重点从以下几个方面进行排除：推秧器上的推秧杆变形、推秧器内的推秧弹簧弱或损坏、推秧器内的推秧拨叉生锈或损坏、分离针变形与推秧器问的间隙、栽植臂体内缺润滑油。

案例 24　送秧轴不工作

1. 故障现象

某久保田水稻插秧机在作业时发生送秧轴不工作的故障，水稻插秧机不送秧。

2. 故障诊断

初步怀疑是桃形轮定位键或者送秧凸轮的问题，检查桃形轮定位键，没发现问题；打开传动箱盖，检查时发现两轮相卡，判定是送秧凸轮与桃形轮磨损所致。

3. 故障排除

可卸下送秧凸轮或桃形轮，用锉刀将其工作面锉成平滑的弧面，装复后发动水稻插秧机，故障排除。

一般发生这种故障应从以下几个方面寻找故障原因：桃形轮定位键损坏或漏装；桃形轮与送秧凸轮卡住；送秧凸轮钢丝销折

断，若键或销损坏，应更换。

案例25　液压升降仿行机构失灵

1. 故障现象

某台东洋PF455S型手扶式插秧机，液压升降失常，不能仿行作业。

2. 故障诊断

经检查，发现液压拉线（蓝色）和仿行控制拉线（红色）调整不当，有干涉现象。

3. 故障排除

主离合器放在“分离”位，调松红色拉线。首先调整蓝色拉线，扳液压手柄至面板“上升”字中间时水稻插秧机上升正常，松开手柄下降正常即可；其次调整红色拉线，液压手柄放在“下降”位，主离合器放在“切断”位时，脚踩中浮板后段（前端升起）液压不起作用，主离合器放在“连接”位时，脚踩中浮板后段（前端升起）液压开始上升，松开浮板液压下降即可。经重新调整液压拉线和仿行控制拉线后，故障消失。

案例26　一个工作幅宽内偶尔漏插4穴

1. 故障现象

某台东洋PF455S型插秧机在一个工作幅宽（1.2m）内，偶尔会同时漏插4穴秧。

2. 故障诊断

经检查发现牙嵌式安全离合器偶尔有打滑现象，这是因为随着作业时间的增长，安全离合器的弹簧预紧力有所下降所引起的。

3. 故障排除

调大安全离合器弹簧预紧力，即将锁紧螺母向里旋180°（1/2个螺距），故障排除，水稻插秧机工作正常。

第八章　水稻直播机的使用

第一节　水稻直播技术

水稻直播（图 8－1）就是不进行育秧、移栽而直接将种子播于大田的一种栽培方式。水稻机械化直播技术是指在水稻栽培过程中省去育秧和移栽环节，将水稻种谷用机械直接播种于大田的一种栽培方式。水稻直播机械化不经过育秧工序，直接把稻种播人大田，由于种子是一次直接播种到大田，与移栽稻相比，并不需要“刺激”水稻根系，再加上浅播和单株稻苗营养面积大，水、肥、光、温、气供应充分，能使水稻分蘖节位降低、分蘖早、根系旺，只要把握好田块平整、杂草清除，合理施肥、恰当管理等环节，就能使种子早生、快发、苗壮、苗齐，从而获得高产和稳产，具有明显的省工、节本的优势。直播技术在消除品种以及田难平、苗难全、草难除问题后，被公认为是节本增效的水稻生产技术，目前水稻直播面积在我国呈上升趋势。

一、水稻直播技术种类

水稻直播技术有水直播和旱直播 2 种。

（1）水直播水直播是在田块经旋耕灭茬平整后，土壤处于湿润或薄水状态下，使用水直播机将种子直接播人大田，播种后管好排灌系统，立苗前保持田面湿润，及时化学除草以保全苗。水直播主要用于南方一季稻产区和海南、广东、江苏、浙江、上

图8－1 水稻直播

海等省市一带双季稻产区。播种方式既有人、机点播和条播，也有人、机撒播和飞机撒播。飞机撒播目前在我国仅局限于机械化水平较高的国有农场和农垦农场。多数水直播机机型可播经浸泡破胸挂浆处理的稻种，有的还可以播催牙后的（牙长3mm内）稻种。

（2）旱直播旱直播是在经耕整灭茬、沟系配套，大田处于旱地状态下，采用旱直播机将水稻种子直接播入1～2cm的浅土层内的一种水稻种植方式。水稻旱直播有两种栽培技术，一是在旱地状态对稻田进行耕耙整地，然后，旱地播种，播后灌浅水，待稻种发芽、幼根出齐后排水，使田间保持湿润，水稻长至2叶期时再恢复灌水，以后按水稻常规方法管理；二是采用旱种技术，即旱整地，旱地播种，苗期旱长，直到4叶以后才开始灌水，以后按水稻常规方法管理。与旱直播技术配套的机械，北方为谷物条播机，南方稻麦轮作区以ZBG－6A免耕条播机为主。旱直播有不受外界气候条件制约、除草效果好的优势。旱直播机型以条播为主，多采用小麦条播机在未灌水的田块直接播种，播深控制在2cm以内，这种方法对地块平整度的要求较高，主要适

用于我国北方水资源较缺乏的水稻产区，旱直播技术还不太理想，故应用较少。

为了提高水稻直播的产量，要求直播水稻的播种期应避开寒潮，并进行严格的田间管理和除草，加强农田水利排灌系统建设，以实行适度规模经营。

二、水稻直播技术优缺点

直播技术被认为是节本增效的水稻生产技术，具有以下优点：机械直播操作最简单；机械投资成本最低；用工最省；总作业成本最低。但还存在以下不足。

（1）不利于稳产高产。由于直播省略育秧环节，因而播期推迟 20～25 天，营养生长期缩短，成熟期推迟。

（2）杂草控制较难。水稻直播后全苗和扎根立苗需脱水通气，而化学除草需适当水层，加之水稻直播后稻苗与杂草竞争能力较移栽弱，易滋生杂草。

（3）出苗受天气条件影响较大，播种后如遇低温阴雨天气，容易烂种死苗。

三、水稻种植机械化水平又有新突破

目前在我国水稻生产中，机械化种植环节最为薄弱，2015 年种植机化水平仅为 40%，主要的机械种植方式为机械化插秧。2016 年 6 月，在中国农业科学院创新工程专项经费资助下，南京农机化所种植机械化团队充分利用已有技术沉淀，近期成功创制出国内首台 33 行大型智能化气力集排式水稻直播机。

如图 8－2 所示，该装备采用折叠式机架，作业幅宽 8m，作业速度可达 10km/h，作业效率 75～100 亩/小时，播种作业仅由机手一人即可完成，可适应大型农场及其他规模化种植主体高效作业要求。

图 8－2　33 行大型智能化气力集排式水稻直播机

该装备填补了国内大型气力式智能化水稻直播技术空白，研发的基于电驱控制的气力集排系统采用“集中排种 气流均匀分配”技术方案，可实现“一器 33 行”作业，排种效率高，利用电驱控制系统替代地轮驱动，极大简化播种机结构，提高可靠性。该装备通过控制系统调整排种部件转速，进而实现播量的精确调整，有效解决现有机械槽轮式播种机播量一致性难以保证的难题。

该装备智能化程度较高，利用研发的智能化控制系统，机手在驾驶室内即可进行播量调整、排种器开关等常规操作，操作方便快捷。同时，该装备采用集中式大容量种箱，可明显降低宽幅播种机种箱长度，配合机械化装种可有效降低田间种肥搬运、装卸时间，进而提高作业效率。

种植机械化团队在盐城临海农场对研制的 2BDZQ－33800 型宽幅折叠式水稻直播机进行了大面积的田间试验，首轮样机已作业 200 亩以上，作业质量、效率和可靠性受到农场管理人员和机手的高度认可。田间试验表明，2BDZQ－33800 型宽幅折叠式水稻直播机各项播种性能指标均超过国标要求，播量可根据预设值

实现精确调节，与现有宽幅机械槽轮式水稻直播机相比，省工2人以上，作业效率明显提升。目前，种植团队正在紧锣密鼓地进行跟踪试验，未来将在智能化控制系统的完善、播种质量提升等方面进行进一步深入研究，为该技术成果的产业化和大面积示范推广做准备。

2BDZQ－33800型宽幅折叠式水稻直播机的研制成功，是我国大型智能化水稻直播装备研究领域的一大突破，为满足我国水稻机械化高效种植需求提供了有力技术支撑。

第二节　水稻直播农艺要点

一、水稻直播技术要点

1. 精细整地

直播水稻的田面一定要整平、作畦，畦面高低相差不要超过1寸。这是农户大面积特别是大户，直播水稻成败的关键因素之一。一般每隔2～3m开一条畦沟，作为工作行，以便于施肥、打农药等田间管理。

2. 适时播种

中稻播种一般是在油菜或者大麦小麦收割以后播种，一般在5月中下旬至6月初。当然空地从3月底就可以播种了，一些地方发展再生稻，播期一定要早，建议4月10日前播种。要提高播种质量，确保一播全苗。杂交稻一般每亩播种1～1.5kg。播种前应晒种，用强氯精药液浸种、消毒，催芽破胸播种。有条件的可以以噻虫嗪或吡虫啉种衣剂包衣。要待泥浆沉实后播种。以撒播方式较好，机械播种也可以，一定要匀播。

3. 及时进行化学除草

直播水稻必须及时进行化学除草。这也是水稻直播的成败因素之一。农户必须严格按照一封二杀三补四塌的步骤进行。一般来说农户认真搞好了前两步，后两步可以省略，但是一些高低不平的田块，后两步也是必须的。

一封：水稻播种后 2 ~ 3 天，稻芽立针期，每亩用直播青（苄·丙）100g 对水 30kg 在田间湿润，厢沟无大水情况下喷雾封闭杂草。

二杀：秧苗 3 ~4 叶期，杂草 1 ~2 叶期，放干稻田水，亩用稻杰（五氟磺草胺）60ml 对水 30kg 喷雾，24 小时后复水。

三补：在播种后 60 天以前，如果田间出现杂草，可以针对草的种类选择对口农药点防。

四塌：在播种 60 天后田间再出现杂草，告诫农户尽量不要用化学除草，防止孕穗期产生药害减产，最好采用人工拔除。

4. 科学管水

直播水稻的灌溉必须坚持芽期湿润，苗期薄水，分蘖前期间歇灌溉，分蘖中后期晒田够苗或够苗晒田，孕穗抽穗期灌寸水，壮籽期干干湿湿灌溉的原则。具体掌握在播种至 3 叶期水不上畦面，保持畦沟里有水，但如果畦面出现丝裂，则可在傍晚或清晨灌跑马水；3 叶期至分蘖末期间歇灌溉，分蘖中后期及时晒田。

5. 科学施肥

播种前施足基肥，亩用 45% ~48% 复合 30 ~40kg，或者是 20 - 8 - 12 知名品牌 BB 肥；3 叶期施断奶肥，亩用尿素 8 ~ 10kg；晒田复水时酌施穗肥，亩用尿素 5kg 加 60% 中化氯化钾 10kg；每次打药加入海精灵含腐植酸肥等高效叶面肥，最少使用 3 次。具体施肥量视土壤肥力和水稻苗情而定。

6. 及时防治病虫害

直播水稻苗多，封行早，田间较荫蔽，病虫发生率较高，特别是水稻纹枯病，水稻稻飞虱，卷叶螟等病虫害，必须注意测报，及时进行综合防治。2014 年持续低温阴雨气候为病虫害的

大发生创造了条件，很多农户不懂技术加上农药经销商夸大作用，胡乱用农药，造成稻瘟病稻曲病大发生，农户损失严重。我们通过向直播农户发放明白纸、短信、田间现场会等形式加强对直播水稻病虫害防治的宣传，从苗情开始，全程跟踪严防，使大部分农户的直播都获得了好收成。

7. 水稻直播要高产，必须抓好“三防”

（1）防高温，防寒露风。直播水稻既要防高温，又要防低温。播期很关键，在江汉平原，中稻播种的最佳播期就是 5 月底、6 月初，最迟不迟于 6 月 10 日，一些年份稍迟一点也可以，但是很危险，主要原因就是要必须保证水稻在 9 月 15 日左右齐穗，避开寒露风危害。防高温农户都很有经验，主要方法就是灌大水，灌循环水，叶面喷洒磷酸二氢钾等技术，加上现在两系杂交稻本来对高温就有较好的抗性，高温一般没有大的影响，但是特殊高温年份农户就要格外小心了。

（2）防倒伏。直播水稻最大的危险就是倒伏，2015 年天兔台风经过江汉平原，直播稻田倒伏无数，但是很多精心管理的田块就没有倒伏，所以，农户在栽培过程中必须注意防患于未然。2 ~3 叶期水稻叶面喷洒多效唑 80g，促分蘖，促根系下扎。施钾肥壮杆，底肥施入含钾多的肥料，穗肥施入钾肥 10kg，叶面喷施孟葆隆 99% 高纯磷酸二氢钾或海精灵腐植酸肥作为灌浆肥等技术必须采用。加强对纹枯病，细菌性基腐病和稻飞虱的防治。同时，注意后期干干湿湿养根，防止根倒。

（3）防病虫害。近几年来，水稻直播处于低温寡照阴雨绵绵的特殊气候条件下，两迁害虫以及稻瘟病稻曲病大面积发生，很多农户因此减产减收，一些不明事理的农户还与种子经销商发生种子纠纷。其实我们指导农户严格按照“预防为主、综合防治”的植保方针，治早治小，病虫害的问题是可以解决的。经销商也好，技术员也好，农户也好落实到具体就是要做到“三准一足两防治”：认清病虫害，选择高精尖的对口农药；督促农户落实施足药量，喷足30kg/亩以上的水量；建议农户选择高效农械如弥雾机或者移动式喷药机；让农户搞清楚防治病虫害是群防群治，不是某个农户或者某块地的个性问题。

二、农艺要求

机械化水直播和旱直播，均要求田面要平，以水田和旱地耕整地后的标准为基准。

肥料是获得作物高产的基础。直播稻基肥施用量应占总施肥量的40%～50%。在旋耕前根据土壤肥力状况，做到有机肥与无机肥、长效肥与速效肥搭配，氮、磷、钾齐全，保证稻苗在前期与中期能吸收到足够的养分。要防止化肥（特别是尿素）与种子直接接触引起烧芽现象。为了控制低位分蘖，直播稻分蘖肥可以在稻苗叶龄4～6叶时施用，每667m^2土地施尿素5kg左右。

直播稻播后应注重水浆管理。直播稻发芽期以浸水为主促长芽，促发根及出苗是直播后出苗期水浆管理的重要原则，水稻直播后应开好畦沟、围沟，发芽前可灌浅水，待发芽后即排水落干，保持沟中有水、畦面湿润、田面不发白、不开裂。旱直播稻播后遇干旱应沟灌窨墒，防止因长期干旱而回芽不出苗。直播稻第三叶长出以后，由于稻苗通气组织已经发育健全。可以灌浅水，进入正常的水浆管理阶段。3叶期以后，可长期保持水层。

直播稻田杂草发生期比移栽稻田长，扎根出苗期湿润灌溉最易诱发杂草，杂草种类也多于移栽稻，直播稻田杂草的发生量比移栽稻田大十几倍到几十倍。主要的发草高峰期有2次，一次是水稻出苗前，土壤湿润阶段；一次是三叶期后建立水层阶段。在防治策略上狠治一次高峰，采取芽前封杀措施减少发草基数；控制二次高峰，进行茎叶处理，消灭杂草危害。为了减轻化学除草剂对环境及稻米的污染，进行无公害无污染生产，对杂草防治应

采取轮作、耕作、农艺、化学等综合措施。

直播稻病虫害的防治与常规稻不同的主要是在前期。苗期稻蓟马和稻象甲、潜叶蝇的防治：在秧苗放青后做到常检查、勤观察，一旦发现虫情，立即用药防治。

第三节　水稻直播机种类及构造

一、水稻直播机的种类

水稻直播机是直接播种稻谷的专业机械，它能一次性完成水稻种植和开沟作业，省去传统水稻种植时做秧田、育秧、拔秧、移栽等环节。要求直播机结构简单、重量轻、操作方便、机组作业可靠、播量均匀、生产率高、经济性好。

根据作业环境的不同，水稻直播机械可分为水稻水直播机和水稻旱直播机两大类。目前我国使用的水直播机和旱直播机多采用外槽轮式播种方式，如上海、江苏等省市普遍使用的沪嘉 J-2BD-10 型水直播机和苏昆 2BD-8 型水直播机、2BG-6 型稻麦少（免）耕条播机及其改良型旱直播机等。

（1）沪嘉 J-2BD-10 型和苏昆 2BD-8 型水稻水直播机均采用独轮驱动，动力为 3 马力柴油机，播种方式为条播，播种行数为 10 行或 8 行，播幅均为 2m，播种量为 60～75kg/hm^2，可调，生产率为 0.53hm^2/h，结构轻巧，轻便灵活，能充分体现水稻水直播机省工、省力、节本的特点。

（2）2BG-6 型稻麦条播机与东风-12 型手扶拖拉机配套，可一次完成旋转碎土、灭茬、开沟、下种、覆土、镇压等多道工序。工作方式为浅旋条播，播幅 1.2m，行数为 6 行或 5 行，播深 10～50mm，播种量为 60～110kg/hm^2，生产率为 0.23～0.4hm^2/h。

(3) 目前我国许多地区研制了多种播种形式的直播机，如江苏省农机技术推广站与苏州市水利农机科学研究所共同研制开发的水稻穴播机，采用圆盘容孔式播种器，行数6行，行距300mm，穴距120mm，生产率0.25～0.35hm^2/h。2BD－8型振动气流式水直播机，采用振动式排种、气吹式入土的方式，行数8行，生产率为0.4hm^2/h。广西壮族自治区玉林市生产的2BD－5型人力水稻点播机，播种行数5行，播幅1.25m，生产率为0.13～0.20hm^2/h。

原有水稻直播机有独轮行走机构加整体式支承板，机体笨重，操作困难，劳动强度大，且存在不安全因素；槽轮式排种器不适应水稻种子的物理特性，排种性能不稳定，伤种率高。现在许多地区正在研制新型水稻直播机以克服以上弊病，如昆山农机研究所研制的直播机，采用带式机构，上排式，具有不伤种的优点，同时，应用分体式浮舟，避免了大拖板壅泥壅水的现象。

二、水稻直播机的一般构造和工作过程

1. 水稻水直播机

水稻水直播机是在经耕整耙平后的水田中作业的播种机械，其特征是具有一套能在道路和水田中行走的行走机构和一套能按特定农艺要求将种子排放在水田内的播种机构。行走转移时，行走驱动轮和尾轮支承机组，切断播种机构的传动，发动机动力经驱动轮作用于道路而行走。田间作业时，更换上水田驱动轮和拆除尾轮，利用水田驱动轮和船板支承机组，发动机动力经水田驱动轮作用于土壤而前进，船板下面的几何形状在水田表面整压出适合水稻生长的种床和田间沟。播种机构利用直接和间接的动力驱动，完成对种子的分种、排种和落种工作，将种子按要求排放到种床上即完成作业。

根据播种机的排种器不同，机具分为常量播种（如沪嘉J－

2BD－10 型水稻直播机和苏昆 2BD－8 型水稻直播机）和精量播种（如 2BD－6D 型带式精量直播机）两大类。

下面以 2BD－10 机动水稻直播机为例进行介绍。

（1）适用条件。为使用本机具获得满意的工作效率的作业质量，除了保证机具良好的技术状态和正确的使用外，还应保证田块和种子对机具的适用条件（表 8－1）。

表 8－1　适用条件

项目		适用条件
本田田块	水田泥脚深度	泥脚深度为 10～30cm、田块地表面平整
	水田水深	播前排水使用面呈花达水状
	水田硬度	耕后带水沉淀 5～7 天，表面泥浆凝固，机具前进时少壅泥，不影响靠行作业，不掩埋种子
	杂物	田面上无石块及杂物
种子处理		种子经去芒风选，水选后无秕粒、穗枝杂物，建议种子包衣，不包衣的可进行化控处理催芽露白。但应避免出芽过长，播种前适当凉晒，以免过湿造成排种不顺漏播
播后		对于不包衣的种子，应注意防除鼠害及鸟害

（2）主要技术规格及参数。2BD－10 机动水稻直播机主要技术规格及参数（表 8－2）。

表8－2　主要技术规格和参数

技术规格及参数	外形尺寸（长×宽×高）mm	862×2 200×482
	整机重量（kg）	70kg
	相配机型	水稻插秧机头
	配套动力（kg）	2.5～8.8
	行走部分	机具船板仿形
	工作部分	外槽轮式或曲柄连杆摆轮排种
	行距（mm）	230
	作业效率（hm^2/h）	0.2
	种箱容积（L）	62x2

（3）基本结构原理。2BD－10机动水稻直播机主要由船板、传动部分、排种等工作部分组成。

①船板：船板不仅是连接机牵引架和行走传动箱的组要部件。而且支承工作部分的重量并平整土地，作业时随田面高低仿形压沟起垅，使种子播在垅台平面上。船板上两挂链分别挂在插秧机过埂踏板钩上，作业当中过埂或遇有障碍物时踏下过埂踏板，可使船板前部翘起，以减少机具前进的阻力。

②传动部分：传动部分条播机由齿轮箱、链轮、链条等组成。穴播机由齿轮箱、曲柄、摆轮等组成。作业时齿轮箱接受插秧机行走传动箱万向节组合输出的动力，驱动链轮、链条带动排种轴转动。

③工作部分：工作部分由两个种箱等组成。2组种箱通过支架分别安装在船板上，在种箱后侧板上装有排种器，条播机排种器为外槽轮式，每种排种器上均由堵塞轮和排种轮组成，穴播机由摆轮式排种器构成，通过排种轴把左右两种箱上的排种器传在一起，驱动链轮通过轴承座固定在排种轴的中间位置，并在每组

堵塞轮和排种轮侧各装有固定卡子，防止轴向窜动。

(4) 试运转。2BD－10 机动水稻直播机出厂时为整机出厂，用户在使用之前应对机具进行安全检查。

①各运动部件应转动灵活、无碰撞、卡滞现象。

②所有紧固件不松动，不脱扣。

③为齿轮箱、轴承座加注润滑油。

之后，当与插秧机挂接时，则把插秧机万向节组合与直播机齿箱动力输入轴连接，再把插秧机牵引架与直播机船板上的牵引支架销连接，再把船板前部左右两挂链分别挂在插秧机机架过埂踏板钩上：动力通过万向节组合与直播机动力输入轴连接。然后启动发动机，结合离合器，带动直播机空转 15 分钟磨合。

(5) 调整。调整之前，首先要在各排种器下面放一个碗或布袋，往种箱内加适量种子进行播量试验，查看各排种器排量能否达到农艺要求，达不到要求时再进行播量调整。种子播量的调整可分为整体调整和单体调整 2 种方法进行。

①条播机的调整：

整体调整　条播机出厂时各排种器上的排种轮齿长度基本一致，如果不足以满足播量要求，可进行整体调整。即通过拧转 2 种箱之间的大链轮旁的调整螺母以改变排种轮齿在排种体内的有效长度的方法以为整体调整。排种器内排种轮齿长度增加，即播量增加，反之播量减少。

个体调整　整体调整之后，某行的排量未能达到要求，或对其播量另有要求时，可对其进行个体调整。方法是：将排种器堵塞轮和排种轮旁的卡子松开按需要窜动排种轮，达到要求后将卡子拧紧固定，如此得到农艺要求后即可进行试播作业。

②穴播机的调整：

整体调整方法　即将曲柄连杆上的叉头连接销轴取下，转动叉头，使连杆长度增加，播量即增加，反之则播量即减少。

个体调整方法　单个排种器排种量不足，可将摆杆顶丝松开，适当转动摆轮，摆轮排种口往下排量增加，往上排量减少，调好之后紧固顶丝。

（6）润滑和维护检查。

①润滑：为使机器保持良好的技术状态，每天作业前对机具相对运动部分进行注油润滑，注油润滑部位为种箱轴承座、链条；作业时每 4 小时要对以上部位进行润滑。齿轮箱为黄油润滑，每季注油一次。

②维护检查：机具在作业前要对紧固件进行全面检查，松动的及时紧固，作业过程中也要注意观察机器运转声音是否正常，发现异应立即停车检查排除。

每季作业结束之后，应将机器清洗后用木板垫起，将起垅器涂油，以减轻腐蚀。

（7）使用。操作直播机的机组人员不仅应熟练掌握和驾驶插秧机的技术，而且还应充分了解本机的性能，调整使用方法才能充分发挥本机的效能；同时，要十分注意安全。

2BD－10 机动水稻直播机正式作业前，首先要调整好播种量后经试播符合农艺要求后再投入正式作业。作业中应经常观察种箱的排种状况，并视种子剩余情况及时添加。

当直播机作业进行到最后一周，剩余播幅不足整机播幅时，可将重复部分的机具上的排种器插板插上，避免重播。

（8）常见故障与排除方法。2BD－10 机动水稻直播机的常见故障主要是个体排量不足。个体排量不足的产生原因，即是由排种器堵塞轮和排种轮旁固定卡子松动，排种轮齿窜动引起，排出除方法是恢复原位拧紧固定卡子即可。

2. 水稻旱直播机

水稻旱直播机是在尚未灌水的田间播种水稻的作业机械，根据机具作业前的土壤耕作情况，可分为常规播种机和旋耕播种机两大

类。常规播种机是在土壤经耕翻、破碎和平整作业后，利用机具的开沟器在土壤表面开出一条沟作为种床，同时，利用地轮动力或主机动力驱动排种器工作，将种子按要求从种箱排出，经输种管落入种沟，再利用沟壁土的滑移及覆土器的作用覆盖。旋耕播种机是在留茬田直接浅旋破碎土壤，使其达到播种需要的大小而覆盖种子，当土块抛在空中时，排种器由地轮或机具自身的动力驱动排出种子，经输种管和安装在后抛土曲线下的播种头落入种沟，后抛土落在种子上覆盖种子，经镇压轮镇压即完成播种作业。根据排种器最小排种量的不同，机具也分为常量播种和精量播种。

下面介绍常见的2BD（H）－120型水稻旱直播机和2BG－6A型稻麦条播机。

（1）2BD（H）－120型水稻旱直播机。

①2BD（H）－120型水稻旱直播机型的基本结构及工作原理：2BD（H）－120型水稻旱直播机的结构包括旋切碎土装置、播种装置、镇压轮与框架、排种动力传动部分等。

其工作过程为：旋切刀旋切土壤，并将土块破碎后，以后抛角抛往后方，由于挡土板的作用，大部分后抛土被挡下与残留土层形成种床，紧跟其后的播种头在种床上刮出一条浅沟，种子经排种器、输种管和播种头落入沟内，利用镇压轮的作用将沟壁土推动滑移而覆盖及镇压种子，完成作业。该机采用了旋切碎土加开沟滑移相结合的播种原理，播深浅，出苗率高。

②主要工作部件：排种器选用了新型的可调窝眼轮式排种器，用轴端螺旋进行播量调节，具有播种量小且均匀的优点。

（2）2BG－6A型水稻旱直播机。

①2BG－6A型水稻旱直播机的基本结构及工作原理：2BG－6A型水稻旱直播主要用于稻麦轮作区的三麦条播和水稻的旱直播。根据稻麦轮作区土壤含水率高、土块不易破碎的特点，该机采用了旋切碎土后抛覆盖种子的播种原理，实现了稻麦轮作区的

三麦条播和水稻旱直播。自20世纪80年代至今，该机得到大量推广，其结构包括旋切碎土装置、播种装置、镇压轮与框架、排种动力传动等部分。

其工作过程为：旋切刀旋切土壤，并将土块破碎后，以后抛角抛往后方，抛往后方的土一部分通过罩壳与地面的空隙后碰到挡土板而落下覆盖种子；另一部分由于直径较大或抛角较高被罩壳挡住进行重复打击，然后落入地面与未曾抛起的土合成种床；拖拉机左驱动半轴通过链轮一、链条、链轮二、排种离合器带动排种轴，种子靠自重通过接种杯、输种管落入播种头，被播种板弹入种床，此时，后抛土落到地面覆盖种子，再被镇压轮稍稍压平和压实，完成作业。

②主要工作部件：排种器选用了国家标准的塑料外槽轮式排种器和拨动式播量调节装置。

第四节　水稻直播机常见故障与排除

一、排种不稳时出现的问题

在做排种工作时，有时发现自己设定的排种量参数无误，然而排种量却不稳定，有时能够正常排种，有时排种量减少，这是水稻播种机最常见的一种故障，特别是旧式的水稻播种机及使用时间长的播种机容易出现这类问题。

产生原因：吸气管路出现问题。如吸气管路出现破裂、松动的现象等。通常吸气管出现问题的表现为吸种不够或者出现漏种，然而却不会无法吸种或漏种；排种盘出现问题，排种盘如果出现维护不当的现象，可能会出现锈蚀、变形等，它会使吸气管无法正常吸气，如果排种盘出现问题，它就会有很大的概率完全不能吸附种子；吸气胶管出现问题。如果农民不注意维护吸气胶

管，可能会使吸气胶管出现老化现象、产生裂纹现象，如果吸气胶管出现问题，就会出现严重的排种问题或者出现漏播的现象；吸风机两轴的维护问题，一般吸风机两轴出现问题时，就会出现较为严重的漏播现象；传动系统的问题。如果传动系统出现问题，就会出现播种机控制不良的现象；种盘孔出现堵漏的问题，如果种盘孔出现堵漏的问题，就会出现漏种现象。

排种故障排除方法：一旦播种机出现吸种不足或漏种现象，就要立刻中止播种，关闭发动机。其检查的顺序要由易到难，即先检查播种机是否出现松动现象、吸种盘堵漏现象等，从最易解决的问题着手排除。然后再检查胶管有无出现裂缝现象等较复杂的问题。在处理胶管时，需根据裂缝的大小分别处理。如果胶管裂缝很小，那么可以用专用的胶带修补，如果裂缝太大，需重新更换胶管。如果胶管出现各种变形现象，也要重新更换新胶管。检查吸风机两轴是否出现问题，如果出现保养不当产生的锈蚀等问题，可先尝试用油做好润滑工作，如果不能恢复两轴的功能，就需更换轴承。如果出现其他的零件故障，就需直接更换新零件。要减少播种机出现故障，还需做好日常保养工作。如要做好胶管的保护，在工作中或工作外不能使胶管被油污侵蚀、不能被异物磨损、不能被硬物划伤。平时不用种盘时，可拆卸下种盘，涂油放置，避免将种盘放置潮湿的位置。播种机闲置时，需做好涂油保护工作，在使用播种机时，要使用匀速的方式操作，如果需更换播种机零件，需更换同一型号的零件，不可将播种机型号随意混搭零件。

二、无法排种时出现的问题

播种机完全不能排种，通常是由于播种机的某个零件已经完全老化，无法作业，或者播种机的物理结构已经产生变化。

所有的排种器都出现故障的排除方法：如果所有的排种器都

无法排种，就说明播种机的整体结构或者零件出现问题。此时，就需要用从零件到结构的顺序开始排除。如果零件出现问题，就需要做零件的修复或更换工作；如果零件出现松动现象，就需要做零件结构的加固工作；如果排种器的整体结构已经出现问题，就要更换排种器。

部分排种器出现故障的排除方法：如果播种机的操作没有故障，然而有部分排种器工作出现问题，这一般是由于排种器的盒子、排种轴与连接销出现问题。可以先检查排种器盒子是否被堵，如果出现这种状况，可以先清理排种器盒子，再换清洁的种子；如果排种轴出现问题，就要检查销子的插板，或更换插销。

部分排种器不稳定的故障排除方法：如果在播种时，出现播种时断时续、播种不匀的现象，则有可能是传动齿轮的问题或者离合器弹簧问题，一般做好物理检查后，做好参数设置就能排除。如果排种器的排种出现极个别的漏种现象，且无其他的问题，一般是开沟器或输种管出现堵塞问题，此时，只要做好杂物清理工作就能解决故障问题。如果排种的节奏失去控制，则是由于离合撑杆出现问题，此时，只要检查销子是否出现故障，并锁定销子就能排除以上的问题。

三、排种的深度出现的问题

排种的深度出现问题，一般是由于播种机结构老化引起；播种机的深浅调节丝杠与调节螺母磨损太严重，出现难以固定的问题；弹簧老化出现覆土量不能达到标准的问题。

故障排除方法：首先要评估播种机的老化程度，如果只有部分零件老化，且零件可以继续使用，可去除零件的锈蚀，为零件上油，使零件可继续使用；如果零件已经完全老化，结构已经出现严重的物理变形，就要更换零件；如果播种机整体结构已经完全老化，不能修复，就要更换播种机。

第九章　常用机械拆装工具

对水稻播种插秧机进行维护修理时，常需要用到维修工具进行拆装。这些工具主要分类三大类：基本拆装工具、常用测量工具和水稻插秧机检测仪表。

第一节　基本拆装工具

1. 扳手

扳手用以紧固或拆卸带有棱边的螺母和螺栓，常用的扳手有开口扳手、梅花扳手、套筒扳手、活动扳手、管子扳手等。

（1）开口扳手。最常见的一种扳手，又称呆扳手，如图 9－1 所示。其开口的中心平面和本体中心平面成 15°角，这样既能适应人手的操作方向，又可降低对操作空间的要求。其规格是以两端开口的宽度 s（mm）来表示的，如 8～10mm、12～14mm 等；通常是成套装备，有 8 件一套、10 件一套等；通常是成套装备，有 8 件一套、10 件一套等；通常用 45 号、50 号钢锻造，并经热处理。

（2）梅花扳手。梅花扳手同开口扳手的用途相似。其两端是花环式的。其孔壁一般是 12 边形，可将螺栓和螺母头部套住，扭转力矩大，工作可靠，不易滑脱，携带方便。如图 9－2 所示。使用时，扳动 30°后，即可换位再套，因而适用于狭窄场合下操作。与开口扳手相比，梅花扳手强度高，使用时不易滑脱，但套上、取下不方便。其规格以闭口尺寸 s（mm）来表示，如 8～

图 9－1　开口扳手

10mm、12～14mm 等；通常是成套装备，有 8 件一套、10 件一套等；通常用 45 号钢或 50 号钢锻造，并经热处理。

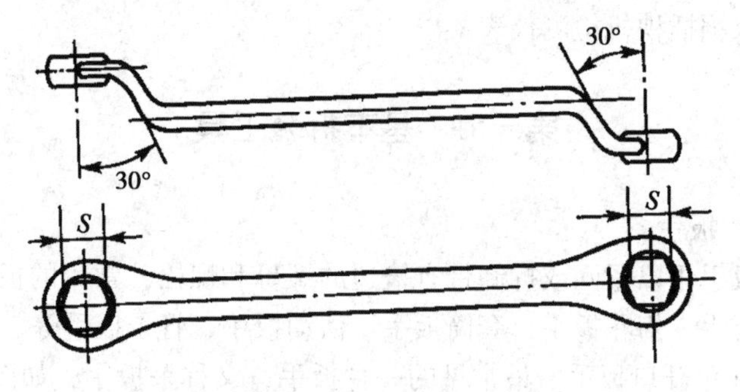

图 9－2　梅花扳手

（3）套筒扳手。套筒扳手的材料、环孔形状与梅花扳手相同，适用于拆装位置狭窄或需要一定扭矩的螺栓或螺母，如图 9－3所示。

套筒扳手主要由套筒头、滑头手柄、棘轮手柄、快速摇柄、接头和接杆等组成，各种手柄适用于各种不同的场合，以操作方便或提高效率为原则，常用套筒扳手的规格是 10～32mm。

（4）活动扳手。活动扳手的开口尺寸能在一定的范围内任意调整，使用场合与开口扳手相同，但活动扳手操作起来不太灵活。如图 9－4 所示，其规格是以最大开口宽度（mm）来表示的，常用的有 150mm、300mm 等，通常是由碳素钢（T）或铬钢（Cr）制成的。

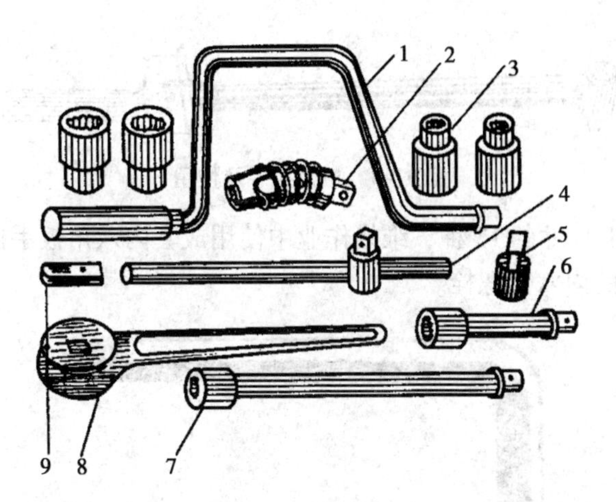

图9-3　套筒扳手

1. 快速摇柄；2. 万向接头；3. 套筒头；4. 滑头手柄；5. 旋具接头；6. 短接杆；7. 长接杆；8. 棘轮手柄；9. 直接杆

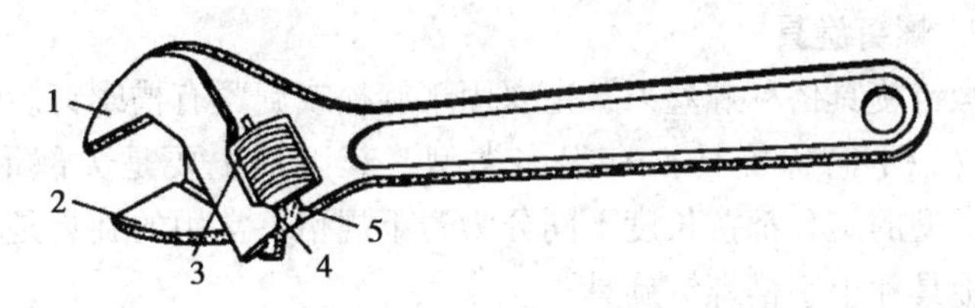

图9-4　活动扳手

1. 扳手体；2. 活动扳口；3. 蜗轮；4. 蜗杆；5. 蜗杆轴

(5) 扭力扳手。扭力扳手是一种可读出所施扭矩大小的专用工具，如图9-5所示。其规格是以最大可测扭矩来划分的，常用的有294N/m、490N/m 2种。扭力扳手除用来控制螺纹件旋紧力矩外，还可以用来测量旋转件的起动转矩，以检查配合、装配情况。

(6) 内六角扳手。内六角扳手是用来拆装内六角螺栓（螺塞）用的，如图9-6所示。规格以六角形对边尺寸表示，有

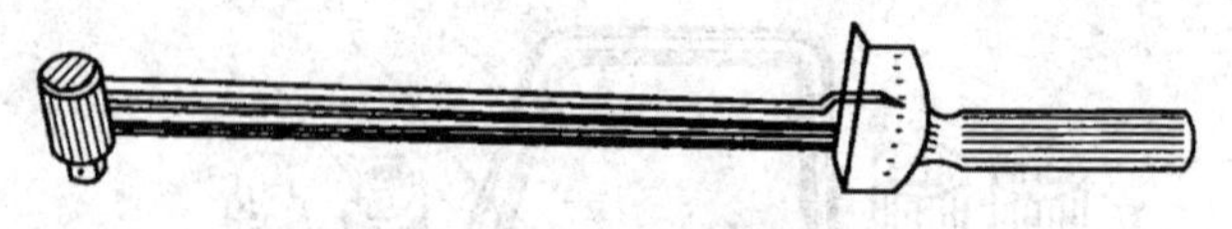

图 9－5　扭力扳手及使用

3～27mm 尺寸的 13 种，维修作业中使用成套内六角扳手拆装 M4 至 M30 的内六角螺栓。

图 9－6　内六角扳手

2. 螺钉旋具

螺钉旋具俗称螺丝刀，主要用于旋松或旋紧有槽螺钉。螺钉旋具（以下简称旋具）有很多类型，其区别主要是尖部形状，每种类型的旋具都按长度不同分为若干规格。常用的旋具是一字螺钉旋具和十字槽螺钉旋具。

（1）一字螺钉旋具。一字螺钉旋具又称一字起子、平口改锥，用于旋紧或松开头部开一字槽的螺钉，如图 9－7 所示。一般工作部分用碳素工具钢制成，并经淬火处理。其规格以刀体部分的长度表示，常用的规格有 100mm、150mm、200mm 和 300mm 等几种。使用时，应根据螺钉沟槽的宽度选用相应的规格。

（2）十字槽螺钉旋具。十字槽螺钉旋具又称十字形起子、十字改锥，用于旋紧或松开头部带十字沟槽的螺钉，材料和规格与一字螺钉旋具相同，如图 9－8 所示。

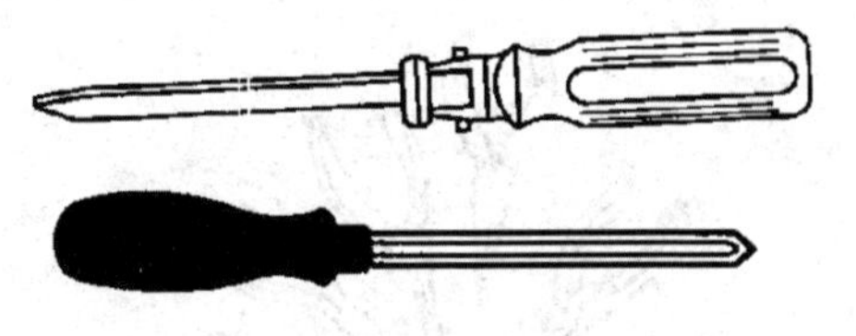

图9－7　螺钉旋具

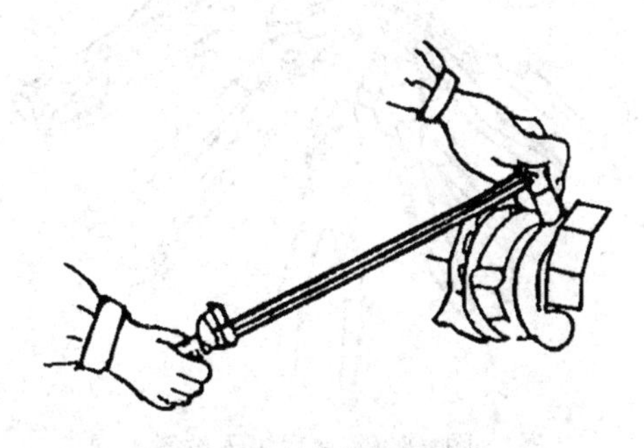

图9－8　十字槽螺钉旋具

3. 钳子

钳子多用来弯曲或安装小零件、剪断导线或螺栓等。钳子有很多类型和规格。

(1) 鲤鱼钳和克丝钳。如图9－9所示，鲤鱼钳钳头的前部是平口细齿，适用于夹捏一般小零件；中部凹口粗长，用于夹持圆柱形零件，也可以代替扳手旋小螺栓、小螺母；钳口后部的刃口可剪切金属丝。由于一片钳体上有两个互相贯通的孔，又有一个特殊的销子，所以，操作时钳口的张开度可很方便地变化，以适应夹持不同大小的零件，是维修作业中使用最多的手钳。其规格以钳长来表示，一般有165mm、200mm 2种，用50号钢制造。克丝钳的用途和鲤鱼钳相仿，但其支销相对于两片钳体是固定的，故使用时不如鲤鱼钳灵活，但剪断金属丝的效果比鲤鱼钳要好，规格有150mm、175mm、200mm 3种。

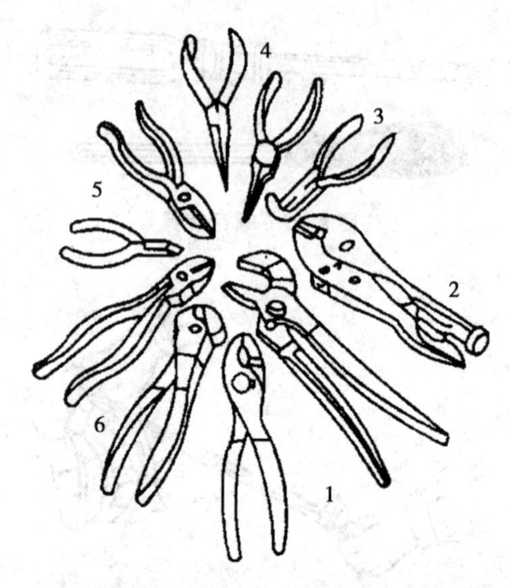

图 9－9　常用钳子类型

1. 鲤鱼钳；2. 夹紧钳；3. 钩钳；4. 尖嘴钳；5. 组合钢丝钳；6. 剪钳

（2）尖嘴钳。如图 9－9 所示，因其头部细长，所以能在较小的空间内工作，带刃口的能剪切细小零件，使用时不能用力太大，否则，钳口头部会变形或断裂。其规格以钳长来表示，常用 160mm 1 种。

在维修中，应根据作业内容选用适当类型和规格（按长度分）的钳子，不能用钳子拧紧或旋松螺纹连接件，以防止螺纹件被倒圆，也不可用钳子当撬棒或锤子使用，以免钳子损坏。

4. 锤子

锤子是敲打物体使其移动或变形的工具。锤子的种类有钢制圆头锤和软面锤。

（1）钢制圆头锤。锤头由硬金属材料做成的钢性锤子。如图 9－10 所示。

图9－10　钢制圆头锤

根据锤头的质量单位规定，常用的有0.25kg、0.5kg、0.75kg、1.5kg、5kg等。

使用时，手要握住锤柄后端，握柄时的握持力要松紧适度，只有这样才能保证锤击时灵活自如。敲击时要靠手腕的运动，眼睛注视工件，锤头工作面和工件面平行，才能使锤头平整地打在工件上。

安全使用要求

①使用时，应握紧锤柄的有效部位，锤落线应与铜棒的轴线保持相切，否则易脱锤而影响安全。

②锤击时，眼睛应盯住铜棒的下端，以免击偏。

③禁止用锤子直接锤击机件，以免损坏机件。

④禁止使用锤柄断裂或锤头松动的锤子，以免锤头脱落伤人。

⑤为了在击打时有一定的弹性，把柄的中间靠顶部的地方要比末端稍狭窄。

⑥禁止戴手套并且不戴防护眼睛是使用锤子。

⑦使用大锤时，必须注意前后、左右、上下，在大锤运动范

围内严禁站人，不许用大锤与小锤互打。

⑧两人合作时不得站在同一边以防敲击失误伤着人。

⑨锤头不准淬火，不准有裂纹和毛刺，发现飞边卷刺应及时修整。

（2）软面锤。由非金属材料或者金属材料做成并且有一定的弹性的锤头的锤子。如图 9－11 所示。

图 9－11　软面锤

根据材料不同常用的有塑料、皮革、木质、和黄铜软面锤。

使用时，手要握住锤柄后端（自己经验的手柄长度），握柄时的握持力要松紧适度，只有这样才能保证锤击时灵活自如。敲击时要靠手腕的运动，眼睛注视工件，锤头工作面和工件面平行，才能使锤头平整地打在工件上。

安全使用要求。

①使用前检查锤柄是否松动，如有松动应从新安装，以免使用过程中由于锤头脱落发生伤人事故。

②使用前应，应清洁锤头上面的油污，以免锤击时从工件表面脱落发生损坏工件或发生意外。

③不得用于敲击高温工件，以免损坏锤子。

④使用完毕，应将锤子擦拭干净。

5. 拉器

拉器是用于拆卸过盈配合安装在轴上的齿轮或轴承等零件的专用工具。常用拉器为手动式，在一杆式弓形叉上装有压力螺杆和拉爪。使用时，在轴端与压力螺杆之间垫一垫板，用拉器的拉爪拉住齿轮或轴承，然后拧紧压力螺杆，即可从轴上拉下齿轮等过盈配合安装零件，如图 9－12 所示。

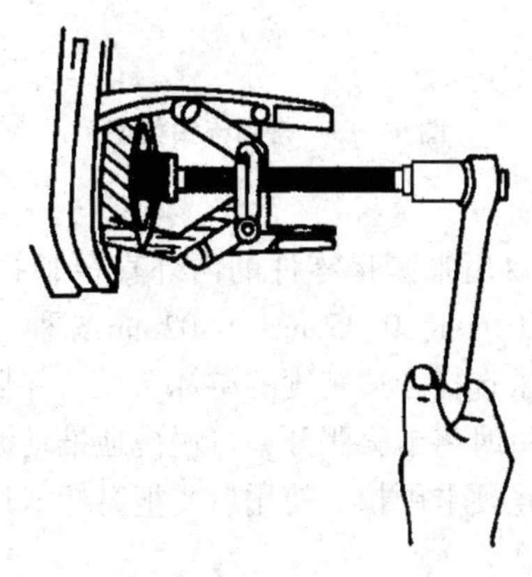

图 9－12　拉器

第二节　常用测量工具

1. 钢板尺

钢板尺是一种最简单的测量长度直接读数的量具，用薄钢板制成，常用来粗测工件的长度、宽度和厚度。常见钢板尺的规格有 150mm、300mm、500mm、1 000mm 等。

2. 卡钳

卡钳是一种间接读数的量具，卡钳上不能直接读出尺寸，必须与钢板尺或其他刻线量具配合测量。常用卡钳类型如图 9－13

所示，内卡钳用来测量内径、凹槽等，外卡钳用来测量外径和平行面等。

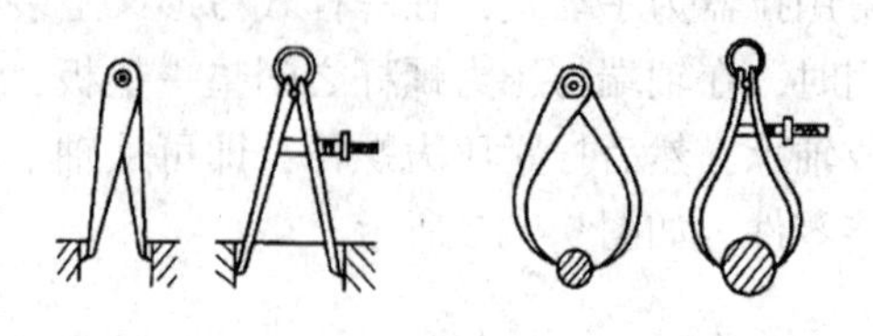

（a）内卡钳　　（b）外卡钳

图9－13　常用卡钳类型

3. 游标卡尺

游标卡尺主要用来测量零件的内外直径和孔（槽）的深度等，其精度分0.10mm、0.05mm、0.02mm 3种。测量时，应根据测量精度的要求选择合适精度的游标卡尺，并擦净卡脚和被测零件的表面。测量时将卡脚张开，再慢慢地推动游标，使两卡脚与工件接触，禁止硬卡硬拉。使用后要把游标卡尺卡脚擦净并涂油后放入盒中。

游标卡尺由尺身、游标、活动卡脚和固定卡脚等组成。常用精度为0.10mm的游标卡尺如图9－14所示，其尺身上每一刻度为1mm，游标上每一刻度表示0.10mm。读数时，先看游标上“0”刻度线对应的尺身刻度线读数，再找出游标上与尺身某－N度线对得最齐的一条刻度线读数，测量的读数为尺身读数加上0.1倍的游标读数。

4. 外径千分尺

外径千分尺是比游标卡尺更精密的量具，其精度为0.01mm。外径千分尺的规格按量程划分，常用的有0～25mm、25～50mm、50～75mm、75～100mm、100～125mm等规格，使用时应按零件尺寸选择相应规格。外径千分尺的结构，如图9－15所示。使用外径千分尺前，应检查其精度，检查方法是旋动棘轮，当两个砧

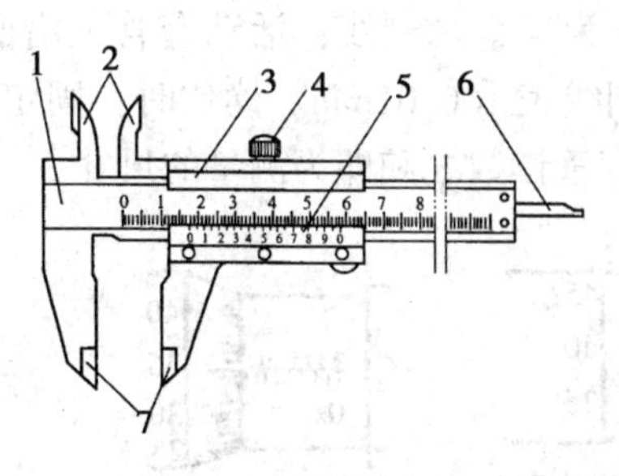

图 9－14　游标卡尺

1. 尺身；2. 刀口内量爪；3. 尺框；4. 固定螺钉；5. 游标；6. 深度尺；7. 外量爪

座靠拢时，棘轮发出两、三声“咔咔”的响声，此时，活动套管的前端应与固定套管的“0”刻度线对齐，同时，活动套管的“0”刻度线还应与固定套管的基线对齐，否则，需要进行调整。

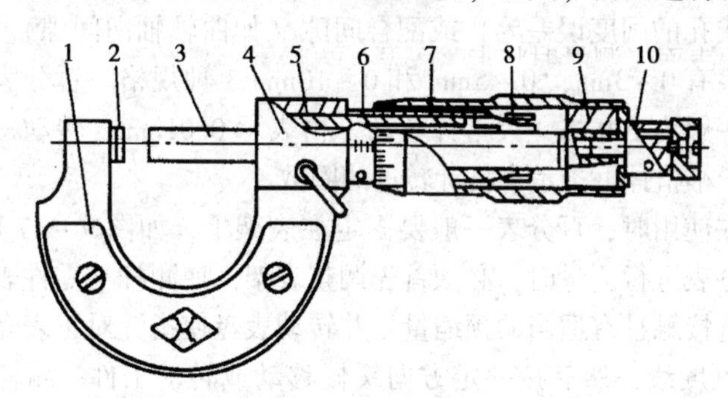

图 9－15　外径千分尺

1. 尺架；2. 砧座；3. 测微螺杆；4. 锁紧装置；5. 螺纹轴套；6. 固定套管；7. 微分筒；8. 螺母；9. 接头；10. 测力装置

注意：测量时应擦净两个砧座和工件表面，旋动砧座接触工件，直至棘轮发出两、三声“咔咔”的响声时方可读数。

外径千分尺的读数方法如图 9－16 所示。外径千分尺固定套管上有两组刻线，两组刻线之间的横线为基线，基线以下为毫米刻线，基线以上为半毫米刻线；活动套管上沿圆周方向有50条刻线，每一条刻线表示0.01mm。读数时，固定套管上的读数与0.01倍的活动套管读数之和即为测量的尺寸。

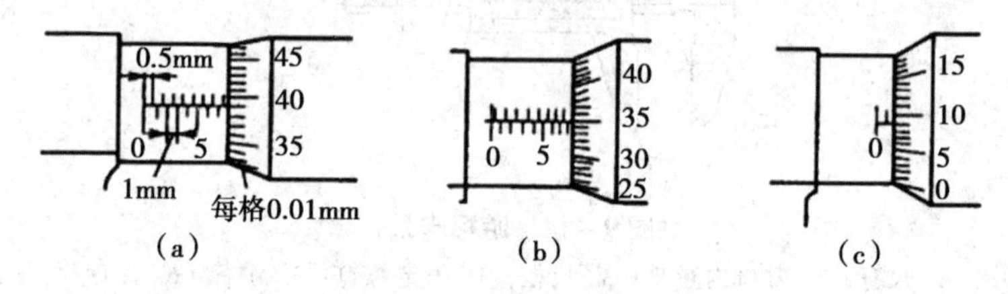

图9－16　外径千分尺的读数方法

（a）正确读数为7.89mm；（b）正确读数为8.35mm；（c）正确读数为0.59mm

5. 百分表

百分表主要用于测量零件的形状误差（如曲轴弯曲变形量、轴颈或孔的圆度误差等）或配合间隙（如曲轴轴向间隙）。常见百分表有0～3mm、0～5mm和0～10mm 3种规格。百分表的刻度盘一般为100格，大指针转动一格表示0.01mm，转动一圈为1mm，小指针可指示大指针转过的圈数。

在使用时，百分表一般要固定在表架上，如图9－17所示。用百分表进行测量时，必须首先调整表架，使测杆与零件表面保持垂直接触且有适当的预缩量，并转动表盘使指针对正表盘上的“0”刻度线，然后按一定方向缓慢移动或转动工件，测杆则会随零件表面的移动自动伸缩。测杆伸长时，表针顺时针转动，读数为正值；测杆缩短时，表针逆时针转动，读数为负值。

6. 量缸表

量缸表又称内径百分表，主要用来测量孔的内径，如气缸直径、轴承孔直径等，量缸表主要由百分表、表杆和一套不同长度的接杆等组成，如图9－18所示。

测量时首先根据汽缸（或轴承孔）直径选择长度尺寸合适

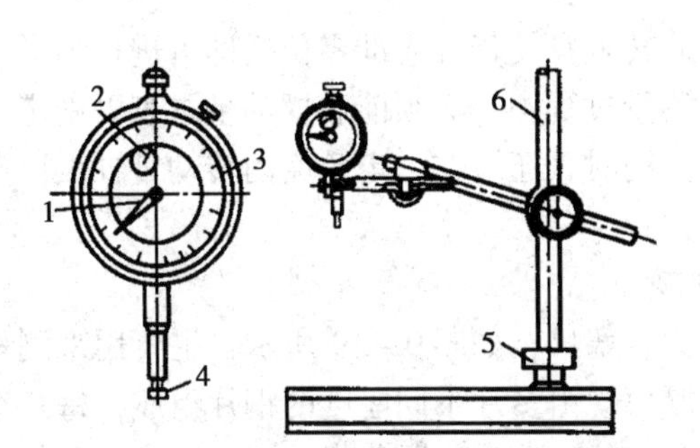

图 9－17　百分表

1. 大指针；2. 小指针；3. 刻度盘；4. 测头；5. 磁力表座；6. 支架

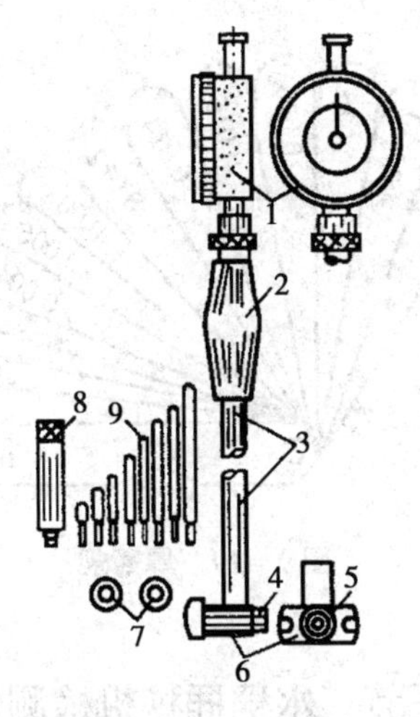

图 9－18　量缸表

1. 百分表；2. 绝缘套；3. 表杆；4. 接杆座；5. 活动测头；6. 支承架；7. 固定螺母；8. 加长接杆；9. 接杆

的接杆，并将接杆固定在量缸表下端的接杆座上；然后校正量缸表，将外径千分尺调到被测汽缸（或轴承孔）的标准尺寸，再将量缸表校正到外径千分尺的尺寸，并使伸缩杆有 2mm 左右的压缩行程，旋转表盘使指针对准零位后即可进行测量。

注意：测量过程中，必须前后摆动量缸表以确定读数最小时的直径位置，同时，还应在一定角度内转动量缸表以确定读数最大时的直径位置。

7. 厚薄规

厚薄规又名塞尺，如图 9－19 所示，主要用来测量两平面之间的间隙。厚薄规由多片不同厚度的钢片组成，每片钢片的表面刻有表示其厚度的尺寸值。厚薄规的规格以长度和每组片数来表示，常见的长度有 100mm、150mm、200mm、300mm 4 种，每组片数有 2～17 等多种。

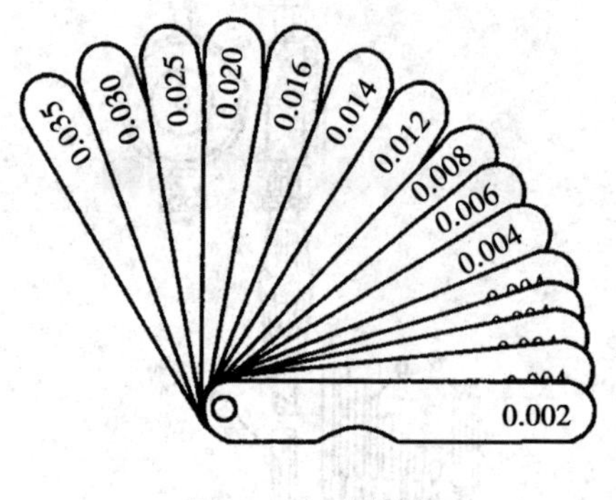

图 9－19　厚薄规

第三节　水稻插秧机检测仪表

水稻插秧机维修常用仪表有万用表、兆欧表等电工仪表。

1. 万用表

万用表（图 9－20）又称为复用表、多用表、三用表、繁用表等，是电力电子等部门不可缺少的测量仪表，一般以测量电压、电流和电阻为主要目的。万用表按显示方式分为指针万用表

和数字万用表。是一种多功能、多量程的测量仪表，一般万用表可测量直流电流、直流电压、交流电流、交流电压、电阻和音频电平等，有的还可以测交流电流、电容量、电感量及半导体的一些参数等。

在水稻播种插秧机维修中，万用表主要用来测量电启动机绕组直流电阻。

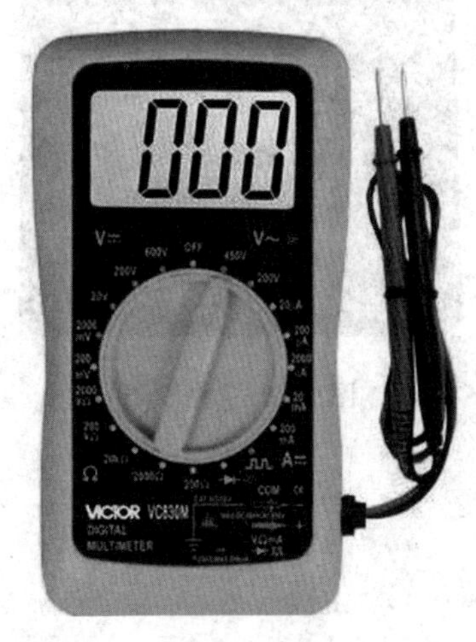

图 9－20　万用表

2. 兆欧表

兆欧表（图 9－21），俗称摇表，兆欧表大多采用手摇发电机供电，故又称摇表。它的刻度是以兆欧为单位的。它是电工常用的一种测量仪表，主要用来检查电器设备、家用电器或电器线路对地及相间的绝缘电阻，以保证这些设备、电器和线路工作在正常状态，避免发生触电伤亡及设备损坏等事故。

在水稻播种插秧机维修中，兆欧表主要用来测量发电机、线束等设备的绝缘性能（绝缘电阻）。

图 9－21　兆欧表

参考文献

岑竹青 . 2008. 水稻机插秧适用技术问答［M］. 合肥：安徽科学技术出版社 .

蒋恩臣 . 2003. 农业生产机械化［M］. 北京：中国农业出版社.

彭卫东 . 2009. 水稻机插秧技术及其推广［M］. 北京：中国农业科学技术出版社 .

汪金营 . 2009. 水稻播收机械操作与维修［M］. 北京：化学工业出版社 .

朱德峰 . 2010. 水稻机插育秧技术［M］. 北京：中国农业出版社 .

朱亚东 . 2007. 我是插秧机操作能手［M］. 南京：江苏科学技术出版社 .